低截获概率雷达信号谱分析

主编　汪　飞　李海林　孔莹莹　时晨光

東南大學出版社
SOUTHEAST UNIVERSITY PRESS
·南京·

内 容 简 介

本书介绍了谱参数估计的基础理论与方法。全书共分 6 章，包括信号的数学模型以及信号通过线性系统的输入输出谱，马尔可夫过程与泊松过程，非参数化谱估计，参数化谱估计，谱参数估计性能下界与低截获概率雷达信号谱特征分析。

本书总结了作者在谱估计教学与科研中最常用的基础理论与方法。这些基础理论与方法以概率密度函数先验、局部极大值存在且期望无偏等作为假设条件，适用于二阶平稳信号以及带宽远大于信号带宽且具有时不变因果稳定系统。根据作者的已有经验，大多数信号经过预处理或时频变换后都满足上述条件。

本书主要作为高等院校信号与信息处理相关专业的研究生教材，也可供信息通信工程高年级本科生及低截获概率雷达研究领域的科研和工程技术人员参考。

图书在版编目（CIP）数据

低截获概率雷达信号谱分析 / 汪飞等主编. -- 南京：东南大学出版社，2025. 6. -- ISBN 978-7-5766-2193-8

Ⅰ. TN957.52

中国国家版本馆 CIP 数据核字第 2025GH7455 号

责任编辑：张绍来　　责任校对：韩小亮　　封面设计：余武莉　　责任印制：周荣虎

低截获概率雷达信号谱分析

Dijiehuo Gailü Leida Xinhaopu Fenxi

主　　编：汪　飞　李海林　孔莹莹　时晨光
出版发行：东南大学出版社
社　　址：南京四牌楼 2 号　邮编：210096
网　　址：http://www.seupress.com
出 版 人：白云飞
经　　销：全国各地新华书店
印　　刷：广东虎彩云印刷有限公司
开　　本：787 mm×1 092 mm　1/16
印　　张：8.75
字　　数：230 千字
版　　次：2025 年 6 月第 1 版
印　　次：2025 年 6 月第 1 次印刷
书　　号：ISBN 978-7-5766-2193-8
定　　价：39.00 元

前言

低截获概率雷达信号谱分析属于统计信号处理的研究领域。统计信号处理理论的基础，例如概率密度函数、数字特征、估计与检测，是分析低截获概率雷达信号谱的重要工具。在此基础上，才能以低截获概率为目标，采用统计信号处理及其性能评估方法，设计具备低截获概率谱特征的雷达信号。

本书共分6章。第1章信号的数学模型，主要介绍了可进行谱分析的雷达信号与系统，以及它们的数学模型与必要条件。第2章马尔可夫过程，介绍了较典型信号更一般的马尔可夫过程，包括马尔可夫过程特征、独立增量过程特征，以及可进行谱分析的平稳马尔可夫过程与泊松过程。在此基础上，后续章节以典型雷达信号谱为例。第3章非参数化谱估计，介绍了非参数化谱估计方法，包括快速离散傅里叶变换、常见的谱峰迭代搜索算法，修整频谱图的窗函数方法、提高谱估计精度的插值方法、限制谱估计性能的时宽带宽不确定性，以及均方时宽带宽与雷达信号参数估计性能之间的关系。第4章参数化谱估计，其在数学模型精确且高斯白噪声的限定条件下介绍了参数化谱估计模型与求解方法，包括系统辨识的参数化谱估计数学模型；求解数学模型最优解的各类最小二乘算法、各种子空间方法，满足参数化谱估计限定条件的预白化方法；以及其在多维信号处理、自适应谱估计，以及维纳滤波器设计等方面的相关应用。第5章谱估计性能下界，介绍了概率密度函数先验、局部极大值存在且无偏估计条件下的谱参数估计方差下界，包括信号经过系统后的常见概率密度函数，以及典型的克拉美罗界、大动态条件下的巴兰金界与熵误差。第6章低截获概率雷达信号谱特征分析，介绍了常见的线性调频类低截获概率雷达信号与它们的多种时频谱特征，并归纳了描述雷达信号谱低截获概率性能的各种静态与动态指标。

本书由南京航空航天大学汪飞、李海林、孔莹莹和时晨光教师编写，可作为低截获概率（射频隐身）等相关专著理论的前期基础。张钰玺与甘意娜同学在资料整理和校对过程中做了大量工作。本书在写作过程中，参考了众多学者的著作和论文，收集整理的相关文稿与代码已上传至 https://www.scholat.com/course/spectra。本书同时得到了南京航空航天大学研究生优质教学资源建设-研究生课程教材建设（2023YJXGG-B07）、国家自然科学基金（62271247）、江苏省自然科学基金优秀青年基金（BK20240181）、雷达成像与微波光子技术教育部重点实验室等多方的支持，东南大学出版社对本书的出版提供了细致的帮助。作者在此向他们表示诚挚的感谢。

由于水平有限，书中不当之处在所难免，敬请读者批评指正，共同促进低截获概率（射频隐身）理论的发展。您的宝贵意见和建议请发送到 wangxiaoxian@nuaa.edu.cn。

作者

2025 年 2 月

目录

1 信号的数学模型

信号谱是表征信号内在特性的特征参量。信号谱分析的难点是建立信号数学模型，这是信号谱分析的根本；估计信号特征参数，是信号谱分析的关键；对信号特征进行检测，是用于确认并量化信号特征；信号特征聚类、识别与跟踪是信号谱分析在实际中的具体应用。本书是在信号模型已知的基础上，以信号特征参量估计为主。本章概述信号的数学模型，内容包括简单信号的数学模型、信号通过线性系统的输入输出谱。

1.1 简单信号的数学模型

典型的信号模型是相位均匀分布的单载频余弦信号，本书中绝大多数算法都可以用其进行验证。

例 1.1 设单载频离散余弦信号 $x(n, \phi)=A\cos(2\pi f_0 n-\phi)$，$n$ 代表采样点，f_0 代表载频，ϕ 在 $(-\pi, \pi]$ 区间服从均匀分布。将 $x(n, \phi)$ 简写为 $x(n)$ 且 $\sum_{n=-\infty}^{\infty}\|x(n)\|_2<\infty$，计算 $x(n)$ 的期望与自相关函数。

计算 $x(n)$ 的期望

$$\begin{aligned}E[x(n)]&=\int_{-\infty}^{\infty}x(n)p(\phi)\mathrm{d}\phi=\int_{-\pi}^{\pi}A\cos(2\pi f_0 n-\phi)\frac{1}{2\pi}\mathrm{d}\phi\\&=-\frac{1}{2\pi}A\sin(2\pi f_0 n-\phi)\Big|_{-\pi}^{\pi}\\&=-\frac{A}{2\pi}(-\sin 2\pi f_0 n+\sin 2\pi f_0 n)=0\end{aligned}\tag{1.1}$$

计算 $x(n)$ 的自相关函数

$$E[x(n_1)x(n_2)]\triangleq r_{xx}(n_1, n_2)=r_{xx}(n_2-n_1)\tag{1.2}$$

$$\begin{aligned}r_{xx}(n_1, n_2)&=\int_{-\infty}^{\infty}x(n_1)x(n_2)p(\phi)\mathrm{d}\phi\\&=\int_{-\pi}^{\pi}A^2\cos(2\pi f_0 n_1-\phi)\cos(2\pi f_0 n_2-\phi)\frac{1}{2\pi}\mathrm{d}\phi\\&=\frac{A^2}{2\pi}\int_{-\pi}^{\pi}\frac{1}{2}[\cos(2\pi f_0 n_1+2\pi f_0 n_2-2\phi)+\cos(2\pi f_0 n_1-2\pi f_0 n_2)]\mathrm{d}\phi\end{aligned}$$

$$=\frac{A^2}{2\pi}\int_{-\pi}^{\pi}\frac{1}{2}\cos(2\pi f_0 n_1-2\pi f_0 n_2)\mathrm{d}\phi=\frac{A^2}{2}\cos[2\pi f_0(n_1-n_2)] \quad (1.3)$$

根据式(1.3)与 $\sum_{n=-\infty}^{\infty}\|x(n)\|_2<\infty$，$x(n)$ 是典型的二阶平稳随机信号，也是常用于验证谱估计算法的简单信号形式。

1.2 信号通过线性系统的输入输出谱

这里的线性系统是指稳定、线性时不变的实系统。本节讨论的是信号经过线性系统输出的均值、自相关函数以及系统输入输出之间的互相关函数。这部分内容表明谱分析既可用于信号也可以用于系统。从谱估计的角度看，分析对象信号或系统并没有严格的区分。

随机信号 $X(t)$ 经过线性系统 $h(t)$ 输出 $Y(t)$ 的均值 $E[Y(t)]$ 与自相关函数 $R_Y(t_1,t_2)$ 分别定义为

$$\begin{aligned}E[Y(t)]&=E\left[\int_{-\infty}^{\infty}h(\tau)X(t-\tau)\mathrm{d}\tau\right]=\int_{-\infty}^{\infty}h(\tau)E[X(t-\tau)]\mathrm{d}\tau\\&=h(t)*E[X(t)]\end{aligned} \quad (1.4)$$

$$\begin{aligned}R_Y(t_1,t_2)&=E[Y(t_1)Y(t_2)]\\&=E\left[\int_{-\infty}^{\infty}h(u)X(t_1-u)\mathrm{d}u\int_{-\infty}^{\infty}h(v)X(t_2-v)\mathrm{d}v\right]\\&=\int_{-\infty}^{\infty}\int_{-\infty}^{\infty}h(u)h(v)E[X(t_1-u)X(t_2-v)]\mathrm{d}u\mathrm{d}v\\&=\int_{-\infty}^{\infty}\int_{-\infty}^{\infty}h(u)h(v)R_X(t_1-u,t_2-v)\mathrm{d}u\mathrm{d}v\\&=h(t_1)*h(t_2)*R_X(t_1,t_2)\end{aligned} \quad (1.5)$$

式(1.4)、(1.5)中“$*$”表示卷积。(注：在本书中，“$*$”在式子中间表示卷积，在式子右上角表示共轭，之后不再赘述。)系统输入 $X(t)$ 与输出 $Y(t)$ 之间的互相关函数 $R_{XY}(t_1,t_2)$ 与 $R_{YX}(t_1,t_2)$ 分别定义为

$$\begin{aligned}R_{XY}(t_1,t_2)&=E[X(t_1)Y(t_2)]=E\left[X(t_1)\int_{-\infty}^{\infty}h(u)X(t_2-u)\mathrm{d}u\right]\\&=\int_{-\infty}^{\infty}h(u)E[X(t_1)X(t_2-u)\mathrm{d}u]\\&=\int_{-\infty}^{\infty}h(u)R_X(t_1,t_2-u)\mathrm{d}u=R_X(t_1,t_2)*h(t_2)\end{aligned} \quad (1.6)$$

同理可得

$$R_{YX}(t_1, t_2)=R_X(t_1, t_2)*h(t_1) \tag{1.7}$$

比较 $R_X(t_1, t_2)$, $R_Y(t_1, t_2)$, $R_{XY}(t_1, t_2)$ 和 $R_{YX}(t_1, t_2)$，则有

$$R_Y(t_1, t_2)=h(t_1)*R_{XY}(t_1, t_2)=h(t_2)*R_{YX}(t_1, t_2) \tag{1.8}$$

若输入 $X(t)$ 具有平稳性,则系统的输出 $Y(t)$ 也是宽平稳的,且输入与输出联合平稳。

证明:若 $X(t)$ 宽平稳,则有

$$\begin{cases} E[X(t)]=m_X\text{—— 常数} \\ R_X(t_1, t_2)=R_X(\tau), \quad \tau=t_2-t_1 \\ R_X(0)=E[X^2(t)]<\infty \end{cases} \tag{1.9}$$

应用式(1.4)到(1.7)可得

$$E[Y(t)]=\int_0^{\infty} h(\tau)E[X(t-\tau)]\mathrm{d}\tau=m_X\int_0^{\infty} h(\tau)\mathrm{d}\tau=m_Y\text{—— 常数} \tag{1.10}$$

$$R_{XY}(t_1, t_2)=\int_0^{\infty} h(u)R_X(\tau-u)\mathrm{d}u=R_X(\tau)*h(\tau)=R_{XY}(\tau) \tag{1.11}$$

$$R_{YX}(t_1, t_2)=\int_0^{\infty} h(u)R_X(\tau+u)\mathrm{d}u=R_X(\tau)*h(-\tau)=R_{YX}(\tau) \tag{1.12}$$

$$\begin{aligned} R_Y(t_1, t_2)&=\int_0^{\infty}\int_0^{\infty} h(u)h(v)R_X(t_2-t_1-v+u)\mathrm{d}u\mathrm{d}v \\ &=\int_0^{\infty}\int_0^{\infty} h(u)h(v)R_X(\tau-v+u)\mathrm{d}u\mathrm{d}v=R_Y(\tau) \end{aligned} \tag{1.13}$$

系统输出的均方值为

$$\begin{aligned} E[Y^2(t)]=|E[Y^2(t)]|&=\left|\int_0^{\infty}\int_0^{\infty} h(u)h(v)R_X(u-v)\mathrm{d}u\mathrm{d}v\right| \\ &\leqslant\int_0^{\infty}\int_0^{\infty} |h(u)||h(v)||R_X(u-v)|\mathrm{d}u\mathrm{d}v\leqslant R_X(0)\int_0^{\infty}\int_0^{\infty} |h(u)||h(v)|\mathrm{d}u\mathrm{d}v \\ &=R_X(0)\int_0^{\infty} |h(u)|\mathrm{d}u\cdot\int_0^{\infty} |h(v)|\mathrm{d}v \end{aligned} \tag{1.14}$$

对于线性稳定系统,由 $\int_{-\infty}^{\infty} |h(\tau)|\mathrm{d}\tau<\infty$ 可推出

$$|E[Y^2(t)]|<\infty \tag{1.15}$$

由式(1.10)(1.13)(1.15)可证,输出 $Y(t)$ 是平稳过程。由式(1.11)或(1.12)可证,输入与输出之间是联合平稳的。若用卷积形式,则上述各式可表示为

$$\begin{cases} R_{XY}(\tau)=R_X(\tau)*h(\tau) \\ R_{YX}(\tau)=R_X(\tau)*h(-\tau) \\ R_Y(\tau)=R_X(\tau)*h(\tau)*h(-\tau)=R_{XY}(\tau)*h(-\tau)=R_{YX}(\tau)*h(\tau) \end{cases} \tag{1.16}$$

当 $X(t)$ 是自相关函数 $\frac{N_0}{2}\delta(\tau)$ 的理想白噪声时，根据式(1.16)，输入和输出的互相关函数为

$$R_{XY}(\tau)=\int_0^{\infty}\frac{N_0}{2}\delta(\tau-u)h(u)\mathrm{d}u=\frac{N_0}{2}h(\tau)U(\tau)=\begin{cases}\frac{N_0}{2}h(\tau), & \tau\geqslant 0\\ 0, & \tau<0\end{cases} \tag{1.17}$$

同理

$$R_{YX}(\tau)=\int_0^{\infty}\frac{N_0}{2}\delta(\tau+u)h(u)\mathrm{d}u=\frac{N_0}{2}h(-\tau)U(-\tau)=\begin{cases}0, & \tau>0\\ \frac{N_0}{2}h(-\tau), & \tau\leqslant 0\end{cases} \tag{1.18}$$

上述两个互相关函数的计算式给出了一个估计线性系统单位冲激响应 $h(t)$ 的方法，也称之为系统辨识方法。如果仅从数学模型上观察，那么式(1.17)与式(1.18)是用于系统辨识的谱估计方法。理想白噪声通过一阶 RC 系统是典型的谱分析方法。

例 1.2 分别设 $X(t)$ 的自相关函数为 $R_X(\tau)=\frac{N_0}{2}\delta(\tau)$ 与 $R_X(\tau)=\frac{\beta N_0}{4}\mathrm{e}^{-\beta|\tau|}$，设 $h(t)=b\mathrm{e}^{-bt}U(t)$，$\beta\neq b$，计算输出的自相关函数。

当 $X(t)$ 的自相关函数为 $\frac{N_0}{2}\delta(\tau)$ 时，输出自相关函数为

$$R_Y(\tau)=\int_0^{\infty}h(u)\left[\int_0^{\infty}\frac{N_0}{2}\delta(\tau+u-v)h(v)\mathrm{d}v\right]\mathrm{d}u=\frac{N_0}{2}\int_0^{\infty}h(u)h(\tau+u)\mathrm{d}u \tag{1.19}$$

式(1.19)表明，当输入是白噪声时，输出信号的自相关函数正比于系统冲激响应的卷积。于是有

$$R_Y(\tau)=\frac{N_0}{2}\int_0^{\infty}(b\mathrm{e}^{-bu})U(u)\cdot[b\mathrm{e}^{-b(\tau+u)}]U(\tau+u)\mathrm{d}u \tag{1.20}$$

分别按 $\tau\geqslant 0$ 与 $\tau<0$ 两种情况求解。

当 $\tau\geqslant 0$ 时有

$$R_Y(\tau)=\frac{N_0b^2}{2}\mathrm{e}^{-b\tau}\int_0^{\infty}\mathrm{e}^{-2bu}\mathrm{d}u=\frac{N_0b}{4}\mathrm{e}^{-b\tau}\tag{1.21}$$

由于自相关函数具有偶对称性,则当 $\tau<0$ 时有

$$R_Y(\tau)=R_Y(-\tau)=\frac{N_0b}{4}\mathrm{e}^{b\tau}\tag{1.22}$$

合并 $\tau\geqslant 0$ 和 $\tau<0$ 时的结果,得到输出的自相关函数

$$R_Y(\tau)=\frac{N_0b}{4}\mathrm{e}^{-b|\tau|},\quad |\tau|<\infty\tag{1.23}$$

当 $X(t)$ 的自相关函数为 $R_X(\tau)=\frac{\beta N_0}{4}\mathrm{e}^{-\beta|\tau|}$ 时,输出自相关函数为

$$R_Y(\tau)=\int_0^{\infty}\int_0^{\infty}R_X(\tau+u-v)h(u)h(v)\mathrm{d}u\mathrm{d}v=\int_0^{\infty}\int_0^{\infty}\frac{\beta N_0}{4}\mathrm{e}^{-\beta|\tau+u-v|}b\mathrm{e}^{-bu}\cdot b\mathrm{e}^{-bv}\mathrm{d}u\mathrm{d}v\tag{1.24}$$

当 $\tau\geqslant 0$ 时,考虑到 u,v 均在 $0\sim\infty$ 之间变化,故先对 v 积分较方便。

$$\begin{aligned}R_Y(\tau)&=\frac{\beta N_0b^2}{4}\int_0^{\infty}\mathrm{e}^{-bu}\left[\int_0^{\tau+u}\mathrm{e}^{-\beta(\tau+u-v)}\mathrm{e}^{-bv}\mathrm{d}v+\int_{\tau+u}^{\infty}\mathrm{e}^{\beta(\tau+u-v)}\mathrm{e}^{-bv}\mathrm{d}v\right]\mathrm{d}u\\&=\frac{\beta N_0b^2}{4(b^2-\beta^2)}\left(\mathrm{e}^{-\beta\tau}-\frac{\beta}{b}\mathrm{e}^{-b\tau}\right),\quad \tau\geqslant 0\end{aligned}\tag{1.25}$$

因自相关函数为 τ 的偶函数,所以 $\tau<0$ 时的 $R_Y(\tau)$ 表达式能直接由 $\tau\geqslant 0$ 时的表达式 $R_Y(-\tau)$ 写出,可得

$$R_Y(\tau)=\frac{b^2\beta N_0}{4(b^2-\beta^2)}\left(\mathrm{e}^{-\beta|\tau|}-\frac{\beta}{b}\mathrm{e}^{-b|\tau|}\right)\tag{1.26}$$

为了分析,上式可重写为

$$R_Y(\tau)=\left[\frac{bN_0}{4}\mathrm{e}^{-b|\tau|}\right]\cdot\left\{\left[\frac{1}{1-b^2/\beta^2}\right]\left[1-\frac{b}{\beta}\mathrm{e}^{-(\beta-b)|\tau|}\right]\right\}\tag{1.27}$$

式(1.27)的第一项因子是自相关函数 $\frac{N_0}{2}\delta(\tau)$ 的理想白噪声输入时系统输出的自相关函数;第二项因子是当非白噪声输入时系统输出的自相关函数附加的相乘因子。显然,当 $\beta/b\to\infty$ 时,$\lim\limits_{\beta\to\infty}R_Y(\tau)=\frac{bN_0}{4}\mathrm{e}^{-b|\tau|}$,即 $R_Y(\tau)$ 趋近于第一项因子。

由此可知,当 β 较 b 大很多时,第二项因子接近于 1,$R_Y(\tau)$ 趋近于第一项因子——理想白噪声输入时系统输出的自相关函数。这说明当输入信号的相关时间远小于系统自身的相关时间时,利用白噪声近似输入的随机信号既可以节省工作量,又不会降低太多精度。

2 马尔可夫过程

马尔可夫过程是一种重要的随机过程。它在信息生灭过程以及公用事业等方面皆有重要的应用。本章主要分为两个部分，首先介绍马尔可夫过程特征，之后介绍独立增量过程特征。独立增量过程是一种特殊的马尔可夫过程，泊松(Poisson)过程和维纳(Wiener)过程是两个重要的独立增量过程，它们是研究热噪声和散粒噪声的数学基础，在数学处理上具有简单、方便的优点。谱分析中常见的数学模型建立都以马尔可夫过程为基础。泊松过程中的泊松冲激序列常用于系统谱分析的输入激励。

2.1 马尔可夫过程特征

马尔可夫过程是指当随机过程在时刻 t_i 所处的状态已知时，过程在时刻 $t(t>t_i)$ 所处的状态仅与过程在 t_i 时刻的状态有关，而与过程在 t_i 时刻以前所处的状态无关，称为随机过程的无后效性或马尔可夫性。无后效性是指随机过程 $X(t)$ 的“将来”只是通过“现在”与“过去”发生关系，一旦“现在”已知，那么“将来”和“过去”就无关了。

实际上，物理过程并不一定是精确的马尔可夫过程。然而，很多具体问题中，有时却能近似地将其看作马尔可夫过程。

2.1.1 马尔可夫序列

1) 马尔可夫序列的定义

随机序列 $\{X(n)\}=\{X_1, X_2, \cdots, X_n, \cdots\}$ 可看作随机过程 $X(t)$ 在 t 为整数时的采样值。若对于任意的 n，随机序列 $\{X(n)\}$ 的连续型随机变量满足

$$f_X(x_n \mid x_{n-1}, x_{n-2}, \cdots, x_1)=f_X(x_n \mid x_{n-1}) \tag{2.1}$$

利用条件概率的性质，可得

$$f_X(x_1, x_2, \cdots x_n)=f_X(x_n \mid x_{n-1}, \cdots, x_1)\cdots f_X(x_2 \mid x_1) f_X(x_1) \tag{2.2}$$

结合式(2.2)得

$$f_X(x_1, x_2, \cdots, x_n)=f_X(x_n \mid x_{n-1}) f_X(x_{n-1} \mid x_{n-2})\cdots f_X(x_2 \mid x_1) f_X(x_1) \tag{2.3}$$

所以 X_1，X_2，…，X_n 的联合概率密度可由转移概率密度 $f_X(x_k \mid x_{k-1})$ ($k=2$，…，n) 和初始概率密度 $f_X(x_1)$ 所确定。若式(2.3)对所有的 n 皆成立，则序列是马尔可夫序列。

2）马尔可夫序列的性质

(1) 马尔可夫序列的子序列仍为马尔可夫序列。

给定 n 个任意整数 $k_1<k_2<\cdots<k_n$，有

$$f_X(x_{k_n} \mid x_{k_{n-1}}, \cdots, x_{k_1})=f_X(x_{k_n} \mid x_{k_{n-1}}) \tag{2.4}$$

马尔可夫序列通常由式(2.4)定义。

(2) 马尔可夫序列按其相反方向组成的逆序列仍为马尔可夫序列。

对任意的整数 n 和 k，有

$$f_X(x_n \mid x_{n+1}, x_{n+2}, \cdots, x_{n+k})=f_X(x_n \mid x_{n+1}) \tag{2.5}$$

证明

$$f_X(x_n \mid x_{n+1}, x_{n+2}, \cdots, x_{n+k})=\frac{f_X(x_n, x_{n+1}, x_{n+2}, \cdots, x_{n+k})}{f_X(x_{n+1}, x_{n+2}, \cdots, x_{n+k})} \tag{2.6}$$

将式(2.3)代入式(2.6)可得

$$\begin{aligned}&\frac{f_X(x_{n+k} \mid x_{n+k-1})f_X(x_{n+k-1} \mid x_{n+k-2})\cdots f_X(x_{n+1} \mid x_n)f_X(x_n)}{f_X(x_{n+k} \mid x_{n+k-1})f_X(x_{n+k-1} \mid x_{n+k-2})\cdots f_X(x_{n+2} \mid x_{n+1})f_X(x_{n+1})}\\&=\frac{f_X(x_{n+1} \mid x_n)f_X(x_n)}{f_X(x_{n+1})}=\frac{f_X(x_{n+1}, x_n)}{f_X(x_{n+1})}=f_X(x_n \mid x_{n+1})\end{aligned} \tag{2.7}$$

(3) 马尔可夫序列的条件数学期望满足

$$E[X_n \mid x_{n-1}, \cdots, x_1]=E[X_n \mid x_{n-1}] \tag{2.8}$$

如果马尔可夫序列满足

$$E[X_n \mid X_{n-1}, \cdots, X_1]=X_{n-1} \tag{2.9}$$

则称此马尔可夫序列为“鞅”。

(4) 马尔可夫序列中，若现在已知，则“未来”与“过去”无关。

若 $n>r>s$，则假定随机变量 X_n 与 X_s 是独立的。满足

$$f_X(x_n, x_s \mid x_r)=f_X(x_n \mid x_r)f_X(x_s \mid x_r) \tag{2.10}$$

证明

$$f_X(x_n, x_s \mid x_r)=\frac{f_X(x_n \mid x_r)f_X(x_r \mid x_s)f_X(x_s)}{f_X(x_r)}$$

$$= \frac{f_X(x_n \mid x_r) f_X(x_r, x_s)}{f_X(x_r)}$$

$$= f_X(x_n \mid x_r) f_X(x_s \mid x_r) \tag{2.11}$$

上述结论可以推广到具有任意多“过去”与“未来”随机变量的情况。

3）多重马尔可夫序列

马尔可夫序列的概念可以推广。对于任意 n，满足

$$f_X(x_n \mid x_{n-1}, x_{n-2}, \cdots, x_1) = f_X(x_n \mid x_{n-1}, x_{n-2}) \tag{2.12}$$

的随机序列称为 2 重马尔可夫序列。以此类推,可定义多重马尔可夫序列。

4）齐次马尔可夫序列

对一般马尔可夫序列而言,条件概率密度 $f_X(x_n \mid x_{n-1})$ 是 x 和 n 的函数,如果条件概率密度 $f_X(x_n \mid x_{n-1})$ 与 n 无关,则称马尔可夫序列是齐次的,表示为

$$f_X(x_n \mid X_{n-1} = x_0) = f_X(x \mid x_0) \tag{2.13}$$

式(2.13)中，$f_X(x \mid x_0)$ 表示 $X_{n-1} = x_0$ 条件下，x_n 的条件概率密度。

5）平稳马尔可夫序列

如果一个马尔可夫序列是齐次的,并且所有的随机变量 X_n 具有相同的概率密度,则称马尔可夫序列为平稳的。在齐次马尔可夫序列中,若最初的两个随机变量 X_1 和 X_2 具有相同的概率密度,则此序列是平稳的。

6）切普曼-柯尔莫哥洛夫(Chapman-Колмогоров)方程

若一个马尔可夫序列的转移概率密度满足

$$f_X(x_n \mid x_s) = \int_{-\infty}^{\infty} f_X(x_n \mid x_r) f_X(x_r \mid x_s) \, \mathrm{d}x_r \tag{2.14}$$

式(2.14)中，$n > r > s$ 为任意整数,则称该方程为切普曼-柯尔莫哥洛夫方程。

证明:对任意三个随机变量 X_n，X_r，$X_s (n > r > s)$，有

$$\begin{aligned} f_X(x_n \mid x_s) &= \int_{-\infty}^{\infty} f_X(x_n, x_r \mid x_s) \, \mathrm{d}x_r \\ &= \int_{-\infty}^{\infty} \frac{f_X(x_n, x_r, x_s)}{f_X(x_s)} \mathrm{d}x_r \\ &= \int_{-\infty}^{\infty} \frac{f_X(x_n \mid x_r, x_s) f_X(x_r, x_s)}{f_X(x_s)} \mathrm{d}x_r \\ &= \int_{-\infty}^{\infty} f_X(x_n \mid x_r, x_s) f_X(x_r \mid x_s) \, \mathrm{d}x_r \\ &= \int_{-\infty}^{\infty} f_X(x_n \mid x_r) f_X(x_r \mid x_s) \, \mathrm{d}x_r \end{aligned} \tag{2.15}$$

最后一步应用了无后效性，即 $f_X(x_n \mid x_r, x_s) = f_X(x_n \mid x_r)$。反复应用切普曼-柯尔莫哥洛夫方程，可根据相邻随机变量的转移概率密度，求得 X_s 条件下 X_n 的转移概率密度。

7）高斯-马尔可夫序列

如果一个 n 维矢量随机序列 $\{X(n)\}$，既是高斯序列，又是马尔可夫序列，则称它为高斯-马尔可夫序列。高斯-马尔可夫序列的高斯特性决定了它幅度的概率密度分布；而马尔可夫特性则决定了它在时间上的传播。这种模型常用在信号运动特征的谱分析中。

2.1.2 马尔可夫链

1）马尔可夫链的定义

马尔可夫链就是状态和时间参数皆离散的马尔可夫过程。具体定义如下：

定义 1 随机过程 $X(t)$ 在时刻 $t_n(n=1, 2, \cdots)$ 的采样为 $X_n=X(t_n)$，且 X_n 可能取得的状态必为 $a_1, a_2, \cdots, a_N$ 之一，$A_I=\{a_1, a_2, \cdots, a_N\}$ 为有限的状态空间，$I=\{1, 2, \cdots, N\}$。随机过程只在 $t_1, t_2, \cdots, t_n$ 可列个时刻发生状态转移。若随机过程 $X(t)$ 在 t_{m+k} 时刻变成任一状态 a_j 的概率，只与过程在 t_m 时刻的状态 a_i 有关，而与过程在 t_m 时刻以前的状态无关，则称此随机过程为马尔可夫链，简称为马氏链。可用公式表示为

$$P\{X_{m+k}=a_j \mid X_m=a_i, X_{m-1}=a_p, \cdots, X_1=a_q\}=P\{X_{m+k}=a_j \mid X_m=a_i\} \tag{2.16}$$

实际上，过程 $X(t)$ 是状态离散的随机序列 $\{X_n\}$。

2）马氏链的转移概率及其转移概率矩阵

（1）马氏链的转移概率

马氏链“在 t_m 时刻出现的状态为 a_i 条件下，t_{m+k} 时刻出现的状态为 a_j”的条件概率 $p_{ij}(m, m+k)$ 表示为

$$p_{ij}(m, m+k)=P\{X_{m+k}=a_j \mid X_m=a_i\} \tag{2.17}$$

式(2.17)中，$i, j=1, 2, \cdots, N$，且 m, k 皆为正整数，则称为 $p_{ij}(m, m+k)$ 为马氏链的转移概率。

一般而言，$p_{ij}(m, m+k)$ 不仅依赖于 i, j, k，而且还依赖于 m。如果 $p_{ij}(m, m+k)$ 与 m 无关，则称此马氏链为齐次的。下面只讨论齐次马氏链，并通常将“齐次”二字省去。

（2）一步转移概率及其转移概率矩阵

当 $k=1$ 时，马氏链由状态 a_i 经过一次转移就到达状态 a_j 的转移概率称为一步转移概率，常用符号 p_{ij} 表示，即

$$p_{ij}=p_{ij}(m, m+1)=P\{X_{m+1}=a_j \mid X_m=a_i\}, \quad i, j \in I \tag{2.18}$$

由所有状态 $I=\{1, 2, \cdots, N\}$ 之间的一步转移概率 p_{ij} 构成的矩阵，称之为马氏链的一步转移概率矩阵，简称为转移概率矩阵，表示为

$$\boldsymbol{P}=\begin{bmatrix} p_{11} & p_{12} & \cdots & p_{1N} \\ p_{21} & p_{22} & \cdots & p_{2N} \\ \vdots & \vdots & & \vdots \\ p_{N1} & p_{N2} & \cdots & p_{NN} \end{bmatrix} \tag{2.19}$$

此矩阵决定了状态 X_1，X_2，…，X_N 转移的概率法则，具有下列两个性质：

① $0 \leqslant p_{ij} \leqslant 1$

② $\sum_{j=1}^{N} p_{ij}=1$

上述两个性质表示转移概率矩阵是一个每行元素之和为 1 的非负元素矩阵。因 p_{ij} 为条件概率，性质①是显然的，性质②可由下式推得

$$\begin{aligned} \sum_{j=1}^{N} p_{ij} &= \sum_{j=1}^{N} P\{X_{m+1}=a_j \mid X_m=a_i\} \\ &= P\{X_{m+1}=a_1 \mid X_m=a_i\}+\cdots+P\{X_{m+1}=a_N \mid X_m=a_i\}=1 \end{aligned} \tag{2.20}$$

任意满足性质①和性质②的矩阵也称之为随机矩阵。

(3) n 步转移概率及其转移概率矩阵

与一步转移概率相类似，当 $k=n$ 时，定义马氏链的 n 步转移概率 $p_{ij}(n)$ 为

$$p_{ij}(n)=p_{ij}(m, m+n)=P\{X_{m+n}=a_j \mid X_m=a_i\}, \quad n \geqslant 1 \tag{2.21}$$

表明马氏链在时刻 t_m 的状态为 a_i 的条件下，经过 n 步转移到达状态 a_j 的概率。对应的 n 步转移概率矩阵 $\boldsymbol{P}(n)$ 为

$$\boldsymbol{P}(n)=\begin{bmatrix} p_{11}(n) & p_{12}(n) & \cdots & p_{1N}(n) \\ p_{21}(n) & p_{22}(n) & \cdots & p_{2N}(n) \\ \vdots & \vdots & & \vdots \\ p_{N1}(n) & p_{N2}(n) & \cdots & p_{NN}(n) \end{bmatrix} \tag{2.22}$$

它也是随机矩阵。显然具有如下性质：

① $0 \leqslant p_{ij}(n) \leqslant 1$

② $\sum_{j=1}^{N} p_{ij}(n)=1$

当 $n=1$ 时，$p_{ij}(n)$ 就是一步转移概率，$p_{ij}(n)=p_{ij}(1)=p_{ij}=p_{ij}(m, m+1)$。通常还规定

$$p_{ij}(0)=p_{ij}(m,\ m)=\delta_{ij}=\begin{cases}1, & i=j\\ 0, & i\neq j\end{cases} \tag{2.23}$$

(4) n 步转移概率与一步转移概率的关系

对于 n 步转移概率，有切普曼-柯尔莫哥洛夫方程的离散形式

$$p_{ij}(n)=p_{ij}(l+k)=\sum_{r=1}^{N}p_{ir}(l)p_{rj}(k),\quad n=l+k \tag{2.24}$$

证明：首先利用条件概率可得

$$p_{ij}(n)=p_{ij}(l+k)=P\{X_{m+l+k}=a_j \mid X_m=a_i\}=\frac{P\{X_m=a_i,\ X_{m+l+k}=a_j\}}{P\{X_m=a_i\}} \tag{2.25}$$

之后将全概率公式代入式(2.25)

$$\begin{aligned}&\sum_{r=1}^{N}\frac{P\{X_m=a_i,\ X_{m+l+k}=a_j,\ X_{m+l}=a_r\}}{P\{X_m=a_i,\ X_{m+l}=a_r\}}\cdot\frac{P\{X_m=a_i,\ X_{m+l}=a_r\}}{P\{X_m=a_i\}}\\ &=\sum_{r=1}^{N}P\{X_{m+l+k}=a_j \mid X_m=a_i,\ X_{m+l}=a_r\}\cdot P\{X_{m+l}=a_r \mid X_m=a_i\}\\ &=\sum_{r=1}^{N}p_{rj}(k)p_{ir}(l)\end{aligned} \tag{2.26}$$

利用马氏链的无后效性与齐次性可得

$$\begin{cases}P\{X_{m+l+k}=a_j \mid X_{m+l}=a_r\}=p_{rj}(k)\\ P\{X_{m+l}=a_r \mid X_m=a_i\}=p_{ir}(l)\end{cases} \tag{2.27}$$

式(2.27)表明，由于马氏链的无后效性与齐次性，该链从状态 a_i 经过 n 步转移到达状态 a_j 这一事件 $(a_i\xrightarrow{n}a_j)$，等效于该链先由状态 a_i 经过 l 步转移到达状态 $a_r(r=1,\ 2,\ \cdots,\ N)$，再由状态 a_r 经过 k 步转移到达状态 a_j 的事件 $(a_i\xrightarrow{l}a_r\xrightarrow{k}a_j)$。也就是说，只要 $r\in I=\{1,\ 2,\ \cdots,\ N\}$ 中有一个事件 $(a_i\xrightarrow{l}a_r\xrightarrow{k}a_j)$ 发生，则事件 $(a_i\xrightarrow{n}a_j)$ 就必发生。因此事件 $(a_i\xrightarrow{n}a_j)$ 的概率是 $r\in I$ 中所有事件 $(a_i\xrightarrow{l}a_r\xrightarrow{k}a_j)$ 概率的和。

当 $l=1,\ k=1$ 时

$$p_{ij}(2)=\sum_{r=1}^{N}p_{ir}(1)p_{rj}(1)=\sum_{r=1}^{N}p_{ir}p_{rj} \tag{2.28}$$

当 $l=1,\ k=2$ 时

$$p_{ij}(3)=\sum_{r=1}^{N}p_{ir}(1)p_{rj}(2)=\sum_{r=1}^{N}p_{ir}\sum_{k=1}^{N}p_{rk}p_{kj} \tag{2.29}$$

以此类推

$$p_{ij}(n)=\sum_{r=1}^{N}p_{ir}(1)p_{rj}(n-1)=\sum_{r=1}^{N}p_{ir}p_{rj}(n-1) \tag{2.30}$$

同理可得离散切普曼-柯尔莫哥洛夫方程的矩阵形式为

$$\boldsymbol{P}(n)=\boldsymbol{P}(l+k)=\boldsymbol{P}(l)\boldsymbol{P}(k) \tag{2.31}$$

当 $n=2$ 时

$$\boldsymbol{P}(2)=\boldsymbol{P}(1)\boldsymbol{P}(1)=[\boldsymbol{P}(1)]^2=\boldsymbol{P}^2 \tag{2.32}$$

一步转移概率矩阵 $\boldsymbol{P}(1)$ 简写为 $\boldsymbol{P}$。

当 $n=3$ 时

$$\boldsymbol{P}(3)=\boldsymbol{P}(1)\boldsymbol{P}(2)=\boldsymbol{P}(1)[\boldsymbol{P}(1)]^2=\boldsymbol{P}^3 \tag{2.33}$$

当 n 为任意正整数时

$$\boldsymbol{P}(n)=\boldsymbol{P}(1)\boldsymbol{P}(n-1)=\cdots=\boldsymbol{P}^n \tag{2.34}$$

式(2.34)表明，n 步转移概率矩阵等于一步转移概率矩阵的 n 次方。由此可见，以一步转移概率 p_{ij} 为元素的转移概率矩阵 $\boldsymbol{P}$ 决定了马氏链状态转移过程的概率法则。

（5）马氏链的有限维分布

① 初始分布：马氏链在 $t=0$ 时所处状态 a_i 的概率，通常被称作“初始概率”

$$p_i(0)=p\{X_0=a_i\}=p_i,\quad i\in I=\{1,\cdots,N\} \tag{2.35}$$

且有 $0\leqslant p_i\leqslant 1$，$\sum_{i=1}^{N}p_i=1$ 成立。而对于 N 个状态而言，所有初始概率的集合 $\{p_i\}$ 称为马氏链的“初始分布”。

$$\{p_i\}=(p_1,\cdots,p_i,\cdots,p_N)$$

② 一维分布：马氏链在第 n 步所处状态为 a_j 的无条件概率称为马氏链的“一维分布”，也称为“状态概率”。表示为

$$p\{X_n=a_j\}=p_j(n),\quad j\in I=\{1,\cdots,N\} \tag{2.36}$$

且有 $0\leqslant p_j(n)\leqslant 1$，$\sum_{j=1}^{N}p_j(n)=1$ 成立。由全概率公式，一维分布可表示为

$$p_j(n)=\sum_{i=1}^{N}P\{X_n=a_j\mid X_s=a_i\}P\{X_s=a_i\}=\sum_{i=1}^{N}p_i(s)p_{ij}(n-s),\quad i,j\in I \tag{2.37}$$

式(2.37)给出了不同时刻一维分布 $p_i(s)$、$p_j(n)$ 以及 $(n-s)$ 步转移概率 $p_{ij}(n-s)$ 之间的关系。

当 $s=0$ 时

$$p_j(n)=\sum_{i=1}^{N} p_i p_{ij}(n), \quad j \in I \tag{2.38}$$

当 $s=n-1$ 时

$$p_j(n)=\sum_{i=1}^{N} p_i(n-1) p_{ij}, \quad j \in I \tag{2.39}$$

若将一维分布表示成矢量形式

$$\boldsymbol{P}(n)=\begin{bmatrix} p_1(n) \\ p_2(n) \\ \vdots \\ p_N(n) \end{bmatrix}_{N\times 1} \tag{2.40}$$

称之为“一维分布矢量”或“状态概率矢量”。且其递推公式(2.39)可表示为

$$\boldsymbol{P}(n)=\boldsymbol{P}^{\mathrm{T}}(n-s)\boldsymbol{P}(s) \tag{2.41}$$

(6) n 维分布

齐次马氏链在 $t=0, 1, 2, \cdots, n-1$ 时刻分别取得状态 $a_{i0}, a_{i1}, a_{i2}, \cdots, a_{i(n-1)}$($i_0$, $i_1, \cdots, i_{n-1} \in I$)这一事件的概率为 $P\{X_0=a_{i0}, X_1=a_{i1}, \cdots, X_{n-1}=a_{i(n-1)}\}$,称为马氏链的 n 维分布。可证

$$\begin{aligned} & P\{X_0=a_{i0}, X_1=a_{i1}, \cdots, X_{n-1}=a_{i(n-1)}\} \\ &= P\{X_0=a_{i0}\} \cdot P\{X_1=a_{i1} \mid X_0=a_{i0}\} \cdots \\ &\quad P\{X_{n-1}=a_{i(n-1)} \mid X_0=a_{i0}, \cdots, X_{n-2}=a_{i(n-2)}\} \\ &= P\{X_0=a_{i0}\} \cdot P\{X_1=a_{i1} \mid X_0=a_{i0}\} \cdots \\ &\quad P\{X_{n-1}=a_{i(n-1)} \mid X_{n-2}=a_{i(n-2)}\} \\ &= p_{i0} p_{i0,i1} \cdots p_{i(n-2),i(n-1)} \end{aligned} \tag{2.42}$$

由于 $I=\{1, \cdots, N\}$, $a_{i0}, a_{i1}, a_{i2}, \cdots, a_{i(n-1)}$ 分别可以是 N 个状态中的任意一个。因此,这种 n 维分布可以有许多种。

通过马氏链的一维分布和 n 维分布的讨论可知,马氏链的任意有限维分布完全可以由初始分布和一步转移概率矩阵所确定。因此,初始分布和一步转移概率矩阵可以描述马氏链两个重要的统计特性分布特征,即马氏链的平稳分布和遍历性。

定义 2 若一个马氏链的概率分布 $P\{X=a_j\}=p_j$ 满足

$$p_j=\sum_{i\in I} p_i p_{ij}, \quad j \in I \tag{2.43}$$

式(2.43)中，$p_j \geqslant 0$，$\sum_{j\in I} p_j = 1$ 成立。则称 $\{p_j\} = \{p_1, p_2, \cdots, p_N\}$ 为该马氏链的"平稳分布"。对于平稳分布 $\{p_j\}$ 有

$$p_j = \sum_{i\in I}\left(\sum_{k\in I} p_k p_{ki}\right) p_{ij} = \sum_{k\in I} p_k \left(\sum_{i\in I} p_{ki} p_{ij}\right) = \sum_{k\in I} p_k p_{kj}(2), \quad j \in I \tag{2.44}$$

类似可推

$$p_j = \sum_{i\in I} p_i p_{ij}(n), \quad j \in I \tag{2.45}$$

对平稳分布，无论是一步转移到状态 a_j 还是 n 步转移到状态 a_j，其概率分布不变，与转移时间 n 无关。推论：如果齐次马氏链的初始分布 $\{p_i\}$ 是平稳分布，则对 $\forall n \geqslant 1$ 步后，X_n 的分布 $\{p_j(n)\}$ 也是平稳分布，其中 $p_i = P\{X_0 = a_i\}$，$p_j(n) = P\{X_n = a_j\}$。

证 因为

$$p_j(n) = \sum_{i=1}^{N} p_i p_{ij}(n) = p_j, \quad j \in I \tag{2.46}$$

若用概率矢量表示，则有

$$\boldsymbol{P}(n) = \boldsymbol{P}(0) = \begin{bmatrix} p_1 \\ p_2 \\ \vdots \\ p_N \end{bmatrix}_{N\times 1} \tag{2.47}$$

定义 3 若齐次马氏链的概率分布不随时间 n 的变化而改变，则称此链为平稳马氏链。称 $\{p_j\} = \{p_1, p_2, \cdots, p_N\}$ 为该链的平稳分布。

由于 $p_j(n) = P\{X_n = a_j\}$，$p_j = P\{X_0 = a_j\}$，可得 $p_j(n) = p_j$，即 $P\{X_n = a_j\} = P\{X_0 = a_j\}$，表示平稳马氏链的一维分布不随时间 n 的变化而改变。若对平稳马氏链的 m 维分布在时间上平移 n，可得

$$\begin{aligned} & P\{X_{0+n} = a_{i0}, X_{1+n} = a_{i1}, \cdots, X_{m-1+n} = a_{i(m-1)}\} \\ & = P\{X_{0+n} = a_{i0}\} \cdot P\{X_{1+n} = a_{i1} \mid X_0 = a_{i0}\} \cdots \\ & \quad P\{X_{m-1+n} = a_{i(m-1)} \mid X_{m-2+n} = a_{i(m-2)}\} \\ & = p_{i0}(n) p_{i0,i1} \cdots p_{i(m-2),i(m-1)} \end{aligned} \tag{2.48}$$

对于平稳马氏链，由于 $p_{i0}(n) = p_{i0}(0) = p_i$，则

$$\begin{aligned} & P\{X_{0+n} = a_{i0}, X_{1+n} = a_{i1}, \cdots, X_{m-1+n} = a_{i(m-1)}\} \\ & = p_{i0} p_{i0,i1} \cdots p_{i(m-2),i(m-1)} \\ & = P\{X_0 = a_{i0}, X_1 = a_{i1}, \cdots, X_{m-1} = a_{i(m-1)}\} \end{aligned} \tag{2.49}$$

可见，该马氏链的 m 维分布也不随时间的平移而变化，说明平稳马氏链是个严平稳过程。

定义 4 如果一个齐次马氏链对于任意状态 i 和 j，存在不依赖于时间的极限

$$\lim_{n\to\infty} p_{ij}(n)=p_j \tag{2.50}$$

则称此马氏链具有遍历性。这里的 $p_{ij}(n)$ 为此链的 n 步转移概率。

由上述定义可知，在 $n\to\infty$ 时，n 步转移概率 $p_{ij}(n)$ 趋近于一个与初始状态 i 无关的 p_j；换言之，不论过程自哪一状态 i 出发，当转移步数 n 充分大时，转移到达状态 j 的概率都趋近于 p_j，对 $\forall j\in I$，p_j 是一种概率分布 $\{p_j\}$ 满足

$$\sum_{j=1}^{N} p_j=1 \tag{2.51}$$

此时 $\{p_j\}$ 称为极限分布。比较前面介绍的平稳分布可以看出，马氏链的遍历性可以导致 $n\to\infty$ 的平稳性，因此平稳分布就是具有遍历性的马氏链的极限分布。

$$\lim_{n\to\infty}\boldsymbol{P}(n)=\begin{bmatrix} p_1 & p_2 & \cdots & p_N \\ p_1 & p_2 & \cdots & p_N \\ \vdots & \vdots & & \vdots \\ p_1 & p_2 & \cdots & p_N \end{bmatrix} \tag{2.52}$$

物理上可以理解为不管初始状态如何，系统经过一段时间后 $(n\to\infty)$，走到稳定状态（平稳状态），系统的宏观状态不再随时间变化，即系统处于各个状态的概率不再随时间变化，是一平稳分布。

以上给出了马氏链具有遍历性的基本定义，下面的定理给出马氏链具有遍历性的一个简单的充分条件以及求极限分布 $\{p_j\}$ 的方法。

定理 对于一有限状态的马氏链，若存在一正整数 m，使所有的状态满足

$$p_{ij}(m)>0,\quad i,j\in I \tag{2.53}$$

则此链是遍历的。

由于遍历性的马氏链的极限分布 $\{p_j\}$ 就是平稳马氏链中的平稳分布，可推出极限分布 $\{p_j\}$ 是下面方程组的唯一解。

$$\begin{cases} p_j=\sum\limits_{j=1}^{N} p_i p_{ij} \\ \sum\limits_{j=1}^{N} p_j=1 \end{cases} \quad \text{或} \quad \begin{cases} \boldsymbol{P}=\boldsymbol{P}^{\mathrm{T}}(1)\boldsymbol{P}(0) \\ \sum\limits_{j=1}^{N} p_j=1 \end{cases} \tag{2.54}$$

2.2 独立增量过程特征

2.2.1 概述

1）定义

定义 5 设有一个随机过程 $X(t)$，$t \in T$，如果对任意的时刻 $0 \leqslant t_0 < t_1 < t_2 < \cdots < t_n < b$，过程的增量 $X(t_1) - X(t_0)$，$X(t_2) - X(t_1)$，…，$X(t_n) - X(t_{n-1})$ 是相互独立的随机变量，则称 $X(t)$ 为独立增量过程，又称为可加过程。

若由独立增量过程 $X(t)$，$t \in T$，构造一个新过程 $Y(t) = X(t) - X(t_0)$，$t \in T$，则新过程 $Y(t)$ 也是一个独立增量过程，不仅与 $X(t)$ 有相同的增量规律，而且有 $P\{Y(t_0) = 0\} = 1$。所以对一般的独立增量过程 $X(t)$，均假设（规定）其初始概率分布为 $P\{X(t_0) = 0\} = 1$。

由定义可见，独立增量过程有这样的特点：在任一时间间隔上，过程状态的改变并不影响将来任一时间间隔上过程状态的改变（称为无后效性）。从而决定了独立增量过程是一种特殊的马尔可夫过程。因此，像马尔可夫过程一样，独立增量过程的有限维分布可由它的初始概率分布 $P\{X(t_0) < x_0\}$ 及一切增量的概率分布唯一确定。这里 t_0 为过程的初始时刻。

2）性质

（1）独立增量过程 $X(t)$ 是一种特殊的马尔可夫过程。

设增量为 $Y(t_i) = X(t_i) - X(t_{i-1})$，$i = 1, 2, \cdots, n$。由于 $X(t)$ 为独立增量过程，故增量 $Y(t_1) = X(t_1) - X(t_0)$，$Y(t_2) = X(t_2) - X(t_1)$，…，$Y(t_n) = X(t_n) - X(t_{n-1})$ 为相互独立的随机变量。因此有

$$f_Y(y_1, y_2, \cdots, y_n; t_1, t_2, \cdots, t_n) = f_1(y_1; t_1) f_2(y_2; t_2) \cdots f_n(y_n; t_n) \tag{2.55}$$

由 $X(t_0) = 0$，并利用多维随机变量的函数变换

$$\begin{aligned} & f_X(x_1, x_2, \cdots, x_n; t_1, t_2, \cdots, t_n) \\ & = f_Y(y_1, y_2, \cdots, y_n; t_1, t_2, \cdots, t_n) \end{aligned} \tag{2.56}$$

由式(2.55)可得

$$\begin{aligned} & f_1(y_1; t_1) f_2(y_2; t_2) \cdots f_n(y_n; t_n) \\ & = f_1(x_1; t_1) f_2(x_2 - x_1; t_2, t_1) \cdots f_n(x_n - x_{n-1}; t_n, t_{n-1}) \end{aligned} \tag{2.57}$$

根据式(2.57)进行化简可得

$$
\begin{aligned}
& f_X(x_n;t_n \mid x_{n-1},\cdots,x_1;t_{n-1},\cdots,t_1) \\
&= \frac{f_X(x_1,\cdots,x_{n-1},x_n;t_1,\cdots,t_{n-1},t_n)}{f_X(x_1,\cdots,x_{n-1};t_1,\cdots,t_{n-1})} \\
&= \frac{f_1(x_1;t_1)\cdots f_{n-1}(x_{n-1}-x_{n-2};t_{n-1},t_{n-2})f_n(x_n-x_{n-1};t_n,t_{n-1})}{f_1(x_1;t_1)\cdots f_{n-1}(x_{n-1}-x_{n-2};t_{n-1},t_{n-2})} \\
&= f_n(x_n-x_{n-1};t_n,t_{n-1}) = f_X(x_n;t_n \mid x_{n-1},t_{n-1})
\end{aligned} \tag{2.58}
$$

可见,在 x_{n-1} 已知条件下,x_n 与 x_{n-2}, $\cdots$, x_2, x_1 无关,因此过程 $X(t)$ 是马尔可夫过程。

(2) 独立增量过程的有限维分布由它的初始概率分布和所有增量的概率分布唯一确定。

设 $Y(t_0)=X(t_0)$, $Y(t_i)=X(t_i)-X(t_{i-1})$, $i=1, 2, \cdots, n$,增量的概率分布函数可写成 $F_i(y_i, t_i)$。由

$$
\begin{cases}
X(t_0)=Y(t_0) \\
X(t_1)=X(t_1)-X(t_0)+X(t_0)=Y(t_1)+Y(t_0) \\
X(t_2)=X(t_2)-X(t_1)+X(t_1)-X(t_0)+X(t_0)=Y(t_2)+Y(t_1)+Y(t_0) \\
\vdots \\
X(t_n)=Y(t_n)+Y(t_{n-1})+\cdots+Y(t_1)+Y(t_0)=\sum_{i=0}^{n} Y(t_i)
\end{cases} \tag{2.59}
$$

则独立增量过程 $X(t)$ 的 $n+1$ 维概率分布为

$$
\begin{aligned}
& F_X(x_0,x_1,x_2,\cdots,x_n;t_0,t_1,t_2,\cdots,t_n) \\
&= P\{X(t_0)\leqslant x_0, X(t_1)\leqslant x_1, X(t_2)\leqslant x_2, \cdots, X(t_n)\leqslant x_n\} \\
&= P\{Y(t_0)\leqslant x_0, Y(t_1)+Y(t_0)\leqslant x_1, Y(t_2)+Y(t_1)+Y(t_0)\leqslant x_2, \\
&\quad \cdots, \sum_{i=0}^{n} Y(t_i)\leqslant x_n\}
\end{aligned} \tag{2.60}
$$

利用条件概率表示 n 维分布的方法及马氏过程的无后效性有

$$
\begin{aligned}
& F_X(x_0,x_1,x_2,\cdots,x_n;t_0,t_1,t_2,\cdots,t_n) \\
&= P\{Y(t_0)\leqslant x_0\}P\{Y(t_1)+Y(t_0)\leqslant x_1 \mid Y(t_0)=y_0\} \\
&\quad P\{Y(t_2)+Y(t_1)+Y(t_0)\leqslant x_2 \mid Y(t_0)+Y(t_1)=y_0+y_1\}\cdots \\
&\quad P\left\{\sum_{i=0}^{n} Y(t_i)\leqslant x_n \mid \sum_{i=0}^{n-1} Y(t_i)=\sum_{i=0}^{n-1} y_i\right\}
\end{aligned} \tag{2.61}
$$

根据联合概率的性质可以将式(2.61)改写为

$$
\begin{aligned}
& F_X(x_0,x_1,x_2,\cdots,x_n;t_0,t_1,t_2,\cdots,t_n) \\
&= P\{Y(t_0)\leqslant x_0\}P\{Y(t_1)\leqslant x_1-y_0\}P\{Y(t_2)\leqslant x_2-(y_0+y_1)\}\cdots
\end{aligned}
$$

$$P\left\{Y(t_n)\leqslant x_n-\sum_{i=0}^{n-1}y_i\right\}$$
$$=F_X(x_0;t_0)F_1(x_1-y_0;t_1)F_2(x_2-(y_0+y_1);t_2)\cdots$$
$$F_n\left(x_n-\sum_{i=0}^{n-1}y_i;t_n\right) \tag{2.62}$$

因为

$$x_0=y_0=0,\ y_1=x_1,\ y_1+y_2=x_2,\ \cdots,\ \sum_{i=0}^{n-1}y_i=x_{n-1} \tag{2.63}$$

且当 $X(t_0)=0$ 时，$F_X(x_0;t_0)=P\{X(t_0)=0\}=1$，有

$$F_X(x_1,x_2,\cdots,x_n;t_1,t_2,\cdots,t_n)=F_X(x_1;t_1)F_2(x_2-x_1;t_2)\cdots F_n(x_n-x_{n-1};t_n)$$
$$=F_X(x_1;t_1)\prod_{k=2}^{n}F_k(x_k-x_{k-1};t_k) \tag{2.64}$$

式(2.64)说明，用一维增量概率分布 $F_k(x_k-x_{k-1};t_k)$ $(k=2,\cdots,n)$ 与 $X(t)$ 的初始分布 $F_X(x_1;t_1)$ 就可以充分描述一个独立增量过程的 n 维分布。

如果独立增量过程 $X(t)$ 的增量 $X(t_i)-X(t_{i-1})$ 的分布只与时间差 (t_i-t_{i-1}) 有关，而与 t_i，t_{i-1} 本身无关，则称 $X(t)$ 为齐次独立增量过程或平稳独立增量过程。

2.2.2 泊松过程

泊松过程和维纳过程是两个最重要的独立增量过程，用于研究在一定时间间隔 $[0,t)$ 内某随机事件出现次数的统计规律，一般被称为计数过程。

1）泊松过程的定义

定义 5 某事件 A 在 (t_0,t) 内出现的总次数所组成的过程 $\{X(t),t\geqslant t_0\geqslant 0\}$ 称为计数过程。从定义出发，任何一个计数过程 $X(t)$ 应满足下列条件：

(1) $X(t)$ 是一个正整数。

(2) 若有两个时刻 t_1，t_2 且 $t_2>t_1$，则 $X(t_2)\geqslant X(t_1)$。

(3) 当 $t_2>t_1$ 时，$X(t_2)-X(t_1)$ 代表在时间间隔 (t_1,t_2) 内事件 A 出现的次数。

在计数过程中，如果在不相交叠的时间间隔内事件 A 出现的次数是相互独立的，则该计数过程为独立增量过程。即当 $t_1<t_2\leqslant t_3<t_4$ 时，$[t_1,t_2)$ 和 $[t_3,t_4)$ 为两个不相交叠的时间间隔，$[t_1,t_2)$ 内事件 A 出现的次数为 $X(t_2)-X(t_1)$，$[t_3,t_4)$ 内事件 A 出现的次数为 $X(t_4)-X(t_3)$，若 $X(t_2)-X(t_1)$ 与 $X(t_4)-X(t_3)$ 相互独立，则 $X(t)$ 为独立增量过程。

计数过程中，如果在 $[t_1,t_1+\tau)$ 内事件 A 出现的次数仅与时间差 τ 有关，而与起始时间 t_1 无关，也即 $[X(t_1+\tau)-X(t_1)]$ 仅与 τ 有关而与 t_1 无关，则称该过程为齐次或平稳

增量计数过程。

定义 6 若有一随机计数过程 $\{X(t),\ t \geqslant t_0 \geqslant 0\}$ 满足下列假设：

(1) 从 t_0 开始观察事件，即 $X(t_0)=0$。

(2) 对任意时刻 $0 \leqslant t_1 < t_2 < \cdots < t_n$，出现事件次数 $X(t_{i-1},\ t_i)=X(t_i)-X(t_{i-1})$ $(i=1,\ 2,\ \cdots,\ n)$ 是相互独立的，且出现次数 $X(t_{i-1},\ t_i)$ 仅与时间差 $\tau_i=t_i-t_{i-1}$ 有关，而与起始时间 t_i 无关。

(3) 对于充分小的 Δt，在 $[t,\ t+\Delta t)$ 内出现事件一次的概率为

$$P_1(t,\ t+\Delta t)=P\{X(t,\ t+\Delta t)=1\}=\lambda\Delta t+o(\Delta t) \tag{2.65}$$

式(2.65)中，$o(\Delta t)$ 是在 $\Delta t \to 0$ 时关于 Δt 的高阶无穷小量，常数 $\lambda > 0$ 称为过程 $X(t)$ 的强度。

(4) 对于充分小的 Δt，在 $[t,\ t+\Delta t)$ 内出现事件两次及两次以上的概率为

$$\sum_{j=2}^{\infty} P_j(t,\ t+\Delta t)=\sum_{j=2}^{\infty} P\{X(t,\ t+\Delta t)=j\}=o(\Delta t) \tag{2.66}$$

此概率与出现一次的概率相比，可以忽略不计。若将上述两式结合起来，可得到在 $[t,\ t+\Delta t)$ 内不出现事件(或出现事件零次)的概率为

$$\begin{aligned} P\{X(t,\ t+\Delta t)=0\} &= P_0(t,\ t+\Delta t) \\ &= 1-\left[P_1(t,\ t+\Delta t)+\sum_{j=2}^{\infty} P_j(t,\ t+\Delta t)\right]=1-\lambda\Delta t-o(\Delta t) \end{aligned} \tag{2.67}$$

则称此过程为泊松过程。泊松过程是计数过程，也是重要的独立增量过程。

泊松过程在任意两时刻 $t_1 < t_2$ 所得的随机变量的增量 $X(t_1,\ t_2)=X(t_2)-X(t_1)$ 服从期望为 $\lambda(t_2-t_1)$ 的泊松分布，即对于 $k=0,\ 1,\ 2,\ \cdots$，有

$$P_k(t_1,\ t_2)=P\{X(t_1,\ t_2)=k\}=\frac{[\lambda(t_2-t_1)]^k}{k!}\mathrm{e}^{-\lambda(t_2-t_1)} \tag{2.68}$$

则该过程在 $[t_0,\ t)$ 内出现事件 k 次的概率为

$$P_k(t_0,\ t)=P\{X(t_0,\ t)=k\}=\frac{[\lambda(t-t_0)]^k}{k!}\mathrm{e}^{-\lambda(t-t_0)},\quad t > t_0,\ k=0,\ 1,\ 2,\ \cdots \tag{2.69}$$

证 首先确定 $P_0(t_0,\ t)$，对于充分小的 $\Delta t > 0$，由于

$$\begin{aligned} X(t_0,\ t+\Delta t) &= X(t+\Delta t)-X(t_0) \\ &= X(t+\Delta t)-X(t)+X(t)-X(t_0) \\ &= X(t,\ t+\Delta t)+X(t_0,\ t) \end{aligned} \tag{2.70}$$

故

$$\begin{aligned}P_0(t_0, t+\Delta t) &= P\{X(t_0, t+\Delta t)=0\}\\ &= P\{[X(t_0, t)+X(t, t+\Delta t)]=0\}\\ &= P\{X(t_0, t)=0, X(t, t+\Delta t)=0\}\end{aligned} \tag{2.71}$$

由泊松过程定义可知

$$\begin{aligned}P_0(t_0, t+\Delta t) &= P\{X(t_0, t)=0\}P\{X(t, t+\Delta t)=0\}\\ &= P_0(t_0, t)P_0(t, t+\Delta t)\\ &= P_0(t_0, t)[1-\lambda\Delta t-o(\Delta t)]\end{aligned} \tag{2.72}$$

即 $P_0(t_0, t+\Delta t)-P_0(t_0, t)=P_0(t_0, t)[-\lambda\Delta t-o(\Delta t)]$。两边除以 Δt，并令 $\Delta t\to 0$，便可得到 $P_0(t_0, t)$ 满足的微分方程

$$\frac{\mathrm{d}P_0(t_0, t)}{\mathrm{d}t}=-\lambda P_0(t_0, t) \tag{2.73}$$

因为 $P_0(t_0, t_0)=P\{X(t_0, t_0)=0\}=1$，将它看作初始条件，即可由上式解得

$$P_0(t_0, t)=\mathrm{e}^{-\lambda(t-t_0)},\quad t>t_0 \tag{2.74}$$

类似地，可以确定 $P_1(t_0, t)$，先考虑

$$P_1(t_0, t+\Delta t)=P\{X(t_0, t+\Delta t)=1\}=P\{X(t_0, t)+X(t, t+\Delta t)=1\} \tag{2.75}$$

将式(2.75)代入全概率公式可得

$$\begin{aligned}&P\{X(t_0, t)+X(t, t+\Delta t)=1\}=P\{X(t_0, t)=1, X(t, t+\Delta t)=0\}+\\&P\{X(t_0, t)=0, X(t, t+\Delta t)=1\}=\\&P_1(t_0, t)P_0(t, t+\Delta t)+P_0(t_0, t)P_1(t, t+\Delta t)\end{aligned} \tag{2.76}$$

再将 $P_0(t_0, t)$ 代入式(2.75)，经适当整理后，两边除以 Δt，并令 $\Delta t\to 0$，即可得到 $P_1(t_0, t)$ 满足的微分方程

$$\frac{\mathrm{d}P_1(t_0, t)}{\mathrm{d}t}=-\lambda P_1(t_0, t)+\lambda\mathrm{e}^{-\lambda(t-t_0)} \tag{2.77}$$

因为 $P_1(t_0, t_0)=P\{X(t_0, t_0)=1\}=0$，将它作为初始条件，可求得上式解为

$$P_1(t_0, t)=\lambda(t-t_0)\mathrm{e}^{-\lambda(t-t_0)},\quad t>t_0 \tag{2.78}$$

重复上述方法，可求得在 $[t_0, t)$ 内事件出现 k 次的概率

$$P_k(t_0, t)=P\{X(t_0, t)=k\}$$
$$=\frac{[\lambda(t-t_0)]^k}{k!}e^{-\lambda(t-t_0)}, \quad t>t_0, k=0, 1, 2,\cdots \tag{2.79}$$

当取 $t_0=0$ 时，有

$$P_k(0, t)=P\{X(t)=k\}=\frac{(\lambda t)^k}{k!}e^{-\lambda t}, \quad t>0, k=0, 1, 2, \cdots \tag{2.80}$$

式(2.80)表明，对于固定的 t，与泊松过程相应的随机变量 $X(t)$ 服从参数为 λt 的泊松分布；而 λt 就是在 $[0, t)$ 内出现事件次数的数学期望。换言之，强度 λ 就是单位时间内出现事件次数的数学期望。

由于泊松过程是一个计数过程，泊松过程 $X(t)$ 的每一个样本函数 $x(t)$ 都呈阶梯形，它在每个随机点 t_i 处产生单位为“1”的阶跃。对于给定的 t，$X(t)$ 等于在时间间隔 $[0, t)$ 内的随机点数。所以泊松过程

$$X(t)=\sum_i U(t-t_i) \tag{2.81}$$

式(2.81)中，t_i 是随机变量。

2）泊松过程的统计特性

(1) 数学期望

若将时间 t 固定，则随机过程 $X(t)$ 就是一个泊松分布的随机变量，因此

$$E[X(t)]=\sum_{k=0}^{\infty}k\cdot P\{X(t)=k\}=\sum_{k=0}^{\infty}k\frac{(\lambda t)^k}{k!}e^{-\lambda t}$$
$$=\lambda t e^{-\lambda t}\left[\sum_{k=0}^{\infty}\frac{(\lambda t)^{k-1}}{(k-1)!}\right]=\lambda t e^{-\lambda t}(e^{\lambda t})=\lambda t \tag{2.82}$$

同理，随机过程的增量 $[X(t_2)-X(t_1)]$ 的期望为

$$E[X(t_2)-X(t_1)]=\sum_{k=0}^{\infty}kP\{X(t_1, t_2)=k\}=\lambda(t_2-t_1) \tag{2.83}$$

(2) 均方值与方差

类似于上述方法，过程 $X(t)$ 的均方值

$$E[X^2(t)]=\sum_{k=0}^{\infty}k^2\cdot P\{X^2(t)=k^2\}=\sum_{k=0}^{\infty}k^2\cdot\frac{(\lambda t)^k}{k!}e^{-\lambda t}$$
$$=e^{-\lambda t}\left[\sum_{k=0}^{\infty}k(k-1)\frac{(\lambda t)^k}{k!}+\sum_{k=0}^{\infty}k\cdot\frac{(\lambda t)^k}{k!}\right] \tag{2.84}$$

通过凑 $e^{\lambda t}$ 的泰勒展开式,可得

$$E[X^2(t)]=e^{-\lambda t}\left[(\lambda t)^2\sum_{k=2}^{\infty}\frac{(\lambda t)^{k-2}}{(k-2)!}+\lambda t\sum_{k=1}^{\infty}\frac{(\lambda t)^{k-1}}{(k-1)!}\right]$$
$$=e^{-\lambda t}[(\lambda t)^2e^{\lambda t}+\lambda te^{\lambda t}]=\lambda^2t^2+\lambda t \tag{2.85}$$

同理,过程 $X(t)$ 的方差、过程增量 $[X(t_2)-X(t_1)]$ 的均方值和方差为

$$D[X(t)]=E[X(t)^2]-E^2[X(t)]=\lambda^2t^2+\lambda t-(\lambda t)^2=\lambda t \tag{2.86}$$

$$E\{[X(t_2)-X(t_1)]^2\}=\lambda^2(t_2-t_1)^2+\lambda(t_2-t_1) \tag{2.87}$$

$$D[X(t_2)-X(t_1)]=\lambda(t_2-t_1) \tag{2.88}$$

(3) 相关函数

由定义 $R_X(t_1, t_2)=E[X(t_1)X(t_2)]$ 可知:

若 $t_2>t_1>0$。由于时间间隔 t_1 和 t_2 相互重叠,则增量 $X(t_1)$ 和 $X(t_2)$ 相互不独立。但时间间隔 t_2-t_1 与 t_1 不重叠。因此将增量 $X(t_2)$ 变换成两个独立的增量之和有

$$X(t_2)=[X(t_2)-X(t_1)]+X(t_1) \tag{2.89}$$

因此有

$$R_X(t, t_2)=E\{X(t_1)[X(t_2)-X(t_1)+X(t_1)]\}$$
$$=E[X(t_1)]\cdot E[X(t_2)-X(t_1)]+E[X^2(t_1)] \tag{2.90}$$

将各项期望值代入,即将式(2.82),(2.83),(2.84)代入式(2.90),得

$$R_X(t, t_2)=\lambda t_1\cdot\lambda(t_2-t_1)+\lambda^2t_1{}^2+\lambda t_1$$
$$=\lambda^2t_1t_2+\lambda t_1,\quad t_2>t_1>0 \tag{2.91}$$

若 $t_1>t_2>0$,同样有

$$R_X(t_1, t_2)=\lambda^2t_1t_2+\lambda t_2,\quad t_1>t_2>0 \tag{2.92}$$

综合上述两式,则有

$$R_X(t_1, t_2)=\lambda^2t_1t_2+\lambda\min(t_1, t_2) \tag{2.93}$$

(4) 泊松冲激序列

泊松过程 $X(t)$ 对时间 t 求导,便可得到与时间轴上的随机点 t_i 相对应的冲激序列 $Z(t)$,称为泊松冲激序列。

$$Z(t)=\frac{dX(t)}{dt}=\frac{d}{dt}\sum_i U(t-t_i)=\sum_i\delta(t-t_i) \tag{2.94}$$

式(2.94)中,t_i 为随机变量。由于泊松过程 $X(t)$ 的样本函数是阶梯函数,则泊松冲激序

列的样本函数是一串冲激序列。

泊松过程 $X(t)$ 及其统计特性均已在前面讨论过，可得泊松冲激序列 $Z(t)$ 的统计特性为

$$E[Z(t)]=E\left[\frac{\mathrm{d}X(t)}{\mathrm{d}t}\right]=\frac{\mathrm{d}E[X(t)]}{\mathrm{d}t}=\frac{\mathrm{d}(\lambda t)}{\mathrm{d}t}=\lambda \tag{2.95}$$

$$\begin{aligned}R_Z(t_1, t_2)&=E[Z(t_1)Z(t_2)]=E\left[\frac{\mathrm{d}X(t_1)}{\mathrm{d}t_1}\cdot\frac{\mathrm{d}X(t_2)}{\mathrm{d}t_2}\right]\\&=R_{X'X'}(t_1, t_2)=\frac{\partial^2 R_X(t_1, t_2)}{\partial t_1\partial t_2}=\frac{\partial}{\partial t_1}\left[\frac{\partial R_X(t_1, t_2)}{\partial t_2}\right]\\&=\begin{cases}\dfrac{\partial}{\partial t_1}(\lambda^2 t_1), & t_1>t_2\\ \dfrac{\partial}{\partial t_1}(\lambda^2 t_1+\lambda), & t_1<t_2\end{cases}\\&=\frac{\partial}{\partial t_1}[\lambda^2 t_1+\lambda U(t_1-t_2)]\\&=\lambda^2+\lambda\delta(t_1-t_2)=\lambda^2+\lambda\delta(\tau)\end{aligned} \tag{2.96}$$

由此可见，泊松冲激序列是平稳过程。

(5) 过滤的泊松过程与散粒噪声

设有一个泊松冲激脉冲序列 $Z(t)=\sum_i \delta(t-t_i)$ 经过线性时不变滤波器。则此滤波器输出的随机过程

$$X(t)=Z(t)*h(t)=\sum_{i=1}^{N(T)}h(t-t_i),\quad 0\leqslant t<\infty \tag{2.97}$$

称之为过滤的泊松过程。式(2.97)中，$h(t)$ 为滤波器的冲激响应，第 i 个冲激脉冲出现的时间 t_i 是个随机变量，$N(T)$ 为在 $[0, T)$ 内输入到滤波器的冲激脉冲的个数，它服从泊松分布，表示为

$$P\{N(T)=k\}=\frac{(\lambda T)^k}{k!}\mathrm{e}^{-\lambda T},\quad k=0, 1, 2, \cdots \tag{2.98}$$

式(2.98)中，λ 为单位时间内的平均脉冲数。

经分析可知，若在 $[0, T)$ 内输入到滤波器的冲激脉冲数 $N(T)$ 为 k，则该 k 个冲激脉冲出现的时间 t_i 均为独立同分布的随机变量，且此随机变量均匀分布在 $[0, T)$ 内，即

$$f(t_i \mid N(T)=k)=\begin{cases}\dfrac{1}{T}, & 0\leqslant t_i<T\\ 0, & other\end{cases} \tag{2.99}$$

下面讨论 $X(t)$ 的统计特性。

① 对于均匀的情况（λ 为常数），可以证明 $X(t)$ 是平稳的。

已知泊松冲激脉冲序列 $Z(t)=\sum_i \delta(t-t_i)$ 的数学期望和自相关函数为

$$\begin{cases} E[Z(t)]=\lambda \\ R_Z(\tau)=\lambda^2+\lambda\delta(\tau) \end{cases} \tag{2.100}$$

从而可得泊松冲激序列的功率谱密度

$$G_Z(\omega)=\int_{-\infty}^{\infty} R_Z(\tau)\mathrm{e}^{-j\omega t}\mathrm{d}\tau=2\pi\lambda^2\delta(\omega)+\lambda \tag{2.101}$$

根据时频域分析，可得 $X(t)$ 的数学期望为

$$\begin{aligned} E[X(t)]&=E[Z(t)*h(t)]=E\left[\int_{-\infty}^{\infty} Z(t-\eta)h(\eta)\mathrm{d}\eta\right] \\ &=\int_{-\infty}^{\infty} E[Z(t-\eta)]h(\eta)\mathrm{d}\eta=\lambda\int_{-\infty}^{\infty} h(\eta)\mathrm{d}\eta=\lambda H(0) \end{aligned} \tag{2.102}$$

$X(t)$ 的功率谱密度为

$$\begin{aligned} G_X(\omega)&=|H(\omega)|^2 G_Z(\omega)=|H(\omega)|^2[2\pi\lambda^2\delta(\omega)+\lambda] \\ &=2\pi\lambda^2 H^2(0)\delta(\omega)+\lambda|H(\omega)|^2 \end{aligned} \tag{2.103}$$

从而得到其自相关函数为

$$\begin{aligned} R_X(\tau)&=\frac{1}{2\pi}\int_{-\infty}^{\infty} G_X(\omega)\mathrm{e}^{\mathrm{j}\omega\tau}\mathrm{d}\omega \\ &=\frac{1}{2\pi}\int_{-\infty}^{\infty}[2\pi\lambda^2 H^2(0)\delta(\omega)+\lambda|H(\omega)|^2]\mathrm{e}^{\mathrm{j}\omega\tau}\mathrm{d}\omega \end{aligned} \tag{2.104}$$

在式(2.104)之中，第一项通过冲激函数的性质，第二项代入 $|H^2(\omega)|$ 的傅里叶反变换，通过这些变换可以得到

$$\begin{aligned} R_X(\tau)&=\lambda^2 H^2(0)+\frac{\lambda}{2\pi}\int_{-\infty}^{\infty}|H(\omega)|^2\mathrm{e}^{\mathrm{j}\omega\tau}\mathrm{d}\omega \\ &=\lambda^2 H^2(0)+\lambda\int_{-\infty}^{\infty} h(\tau+\beta)h(\beta)\mathrm{d}\beta \end{aligned} \tag{2.105}$$

由式(2.105)可见，$X(t)$ 是平稳随机过程。$X(t)$ 的自协方差函数和方差为

$$C_X(\tau)=R_X(\tau)-\{E[X(t)]\}^2=\lambda\int_{-\infty}^{\infty} h(\tau+\beta)h(\beta)\mathrm{d}\beta \tag{2.106}$$

$$\sigma_X^2=C_X(0)=\lambda\int_{-\infty}^{\infty} h^2(\beta)d\beta=\lambda\int_{-\infty}^{\infty} h^2(t)\mathrm{d}t \tag{2.107}$$

② 对于非均匀的情况，即 $\lambda(t)$ 不是常数，则 $X(t)$ 的均值与自协方差函数分别为

$$E[X(t)]=E[Z(t)*h(t)]=\int_{-\infty}^{\infty}E[Z(\eta)]h(t-\eta)\mathrm{d}\eta=\int_{-\infty}^{\infty}\lambda(\eta)h(t-\eta)\mathrm{d}\eta \tag{2.108}$$

式(2.108)中，$E[Z(t)]=\lambda(t)$

$$\begin{aligned}C_X(t_1, t_2)&=R_X(t_1, t_2)-E[X(t_1)]E[X(t_2)]\\&=\int_{-\infty}^{\infty}\lambda(\eta)h(t_1-\eta)h(t_2-\eta)\mathrm{d}\eta\end{aligned} \tag{2.109}$$

③ 如果每个输入冲激脉冲的强度不等于 1，而是 q，则均匀的情况下，$X(t)$ 为

$$X(t)=\sum_i qh(t-t_i) \tag{2.110}$$

其均值与方差分别为

$$E[X(t)]=\lambda q\int_{-\infty}^{\infty}h(t)\mathrm{d}t=\lambda qH(0)$$

$$\sigma_X^2=\lambda q^2\int_{-\infty}^{\infty}h^2(t)\mathrm{d}t \tag{2.111}$$

反之，若 $h(t)$ 已知，则由 $X(t)$ 的均值与方差，就能求出 λ 和 q。

2.2.3 维纳过程

维纳过程是另一个重要的独立增量过程，有时称作布朗运动过程，可看作是白噪声通过积分器的输出，是一个非平稳的高斯过程。

1）维纳过程的定义

定义 7 若独立增量过程 $X(t)$ 增量的概率分布服从高斯分布，即

$$P\{X(t_2)-X(t_1)<\lambda\}=\frac{1}{\sqrt{2\pi a(t_2-t_1)}}\int_{-\infty}^{\lambda}\exp\left[\frac{-u^2}{2a(t_2-t_1)}\right]du, \quad 0<t_1<t_2 \tag{2.112}$$

则称 $X(t)$ 为维纳过程。

2）维纳过程的统计特性

(1) 维纳过程的数学期望和相关函数

$$E[X(t)]=0 \tag{2.113}$$

又因为是独立增量过程，所以有 $X(t_0)=0$，则

$$P\{X(t_1)-X(t_0)<\lambda\}=P\{X(t_1)<\lambda\}=\frac{1}{\sqrt{2\pi at_1}}\int_{-\infty}^{\lambda}\exp\left(\frac{-u^2}{2at_1}\right)\mathrm{d}u \tag{2.114}$$

故有

$$D[X(t_1)]=E[X^2(t_1)]=at_1 \tag{2.115}$$

① 当 $t_1=t_2=t$ 时，有

$$R_X(t_1, t_2)=E[X(t_1)X(t_2)]=E[X^2(t)]=at \tag{2.116}$$

② 当 $t_1>t_2$，并将 $X(t_1)$ 写成 $X(t_1)=X(t_2)+X(t_1)-X(t_2)$，则

$$\begin{aligned}R_X(t_1, t_2)&=E[X(t_1)X(t_2)]\\&=E[(X(t_2)+X(t_1)-X(t_2))X(t_2)]\\&=E[X^2(t_2)]+E[(X(t_1)-X(t_2))(X(t_2)-X(t_0))]\\&=E[X^2(t_2)]=at_2\end{aligned} \tag{2.117}$$

③ 同理，当 $t_2>t_1$ 可得

$$R_X(t_1, t_2)=E[X(t_1)X(t_2)]=at_1 \tag{2.118}$$

综合①②③可得维纳过程的自相关函数为

$$R_X(t_1, t_2)=E[X(t_1)X(t_2)]=a\cdot\min(t_1, t_2) \tag{2.119}$$

(2) 维纳过程与高斯白噪声

维纳过程 $X(t)$ 可以写成白噪声(具有零均值、均匀谱的平稳高斯过程)的积分，即

$$X(t)=\int_0^t N(\tau)\mathrm{d}\tau \tag{2.120}$$

式(2.120)中，$N(t)$ 有 $E[N(t)]=0$，$G_N(\omega)=a$。换言之，维纳过程可看成高斯白噪声通过积分器的输出。

(3) 维纳过程的概率分布

由上述的讨论结果可以很容易得到维纳过程 $X(t)$ 的一维和 n 维概率密度为

$$f_X(x; t)=\frac{1}{\sqrt{2\pi at}}\mathrm{e}^{-\frac{x^2}{2at}} \tag{2.121}$$

$$\begin{aligned}&f_X(x_1, x_2, \cdots, x_n; t_1, t_2, \cdots, t_n)\\&=f(x_1; t_1)f(x_2-x_1; t_2, t_1)\cdots f(x_n-x_{n-1}; t_n, t_{n-1})\\&=\prod_{i=1}^{n}\frac{\exp\left[-\dfrac{1}{2a}\dfrac{(x_i-x_{i-1})^2}{(t_i-t_{i-1})}\right]}{\sqrt{2\pi a(t_i-t_{i-1})}}\end{aligned} \tag{2.122}$$

维纳过程的性质归纳为以下几点：

① $X(t_0)=0$，且 $X(t)$ 是实过程。

② $E[X(t)]=0$。

③ 维纳过程是独立增量过程。

④ 维纳过程满足齐次性。换言之，$X(t_2)-X(t_1)$ 的分布只与 (t_2-t_1) 有关，而与 t_1 或 t_2 本身无关。

$X(t_2)-X(t_1)$ 的方差与 t_2-t_1 成正比。

$$
\begin{aligned}
D[X(t_2)-X(t_1)]&=E\{[X(t_2)-X(t_1)]^2\}\\
&=E\{[X(t_2)-X(t_1)]^2\}\\
&=E[X^2(t_2)]+E[X^2(t_1)]-2E[X(t_2)X(t_1)]\\
&=at_2+at_1-2at_1=a(t_2-t_1),\quad t_2>t_1
\end{aligned}
\tag{2.123}
$$

⑤ 维纳过程是非平稳高斯过程。

(4) 扩散方程

维纳过程 $X(t)$ 满足下列关系式

$$
\begin{cases}
\dfrac{\partial f}{\partial t_2}=\dfrac{a}{2}\dfrac{\partial^2 f}{\partial x_2^2}\\[2ex]
\dfrac{\partial f}{\partial t_1}+\dfrac{a}{2}\dfrac{\partial^2 f}{\partial x_1^2}=0
\end{cases}
\tag{2.124}
$$

它们被称作扩散方程。式(2.116)中，$f=f(x_2,t_2;x_1,t_1)=f(x_2\mid x(t_1)=x_1)$ $(t_2>t_1)$ 是随机变量 $X(t_2)$ 在 $X(t_1)=x_1$ 条件下的条件概率密度。

证明：因为 $X(t)$ 具有零均值并为高斯分布，所以有

$$
E[X(t_2)\mid X(t_1)=x_1]=ax_1=\frac{E[X(t_2)X(t_1)]}{E[X^2(t_1)]}x_1=x_1,\quad t_2>t_1 \tag{2.125}
$$

又

$$
\begin{aligned}
E[(X(t_2)-aX(t_1))^2\mid x_1]&=E[X^2(t_2)]-\frac{E^2[X(t_2)X(t_1)]}{E[X^2(t_1)]}\\
&=at_2-\frac{a^2t_1^2}{at_1}=a(t_2-t_1)
\end{aligned}
\tag{2.126}
$$

即在 $X(t_1)=x_1$ 条件下，$X(t_2)$ 的条件方差等于 $a(t_2-t_1)$，故有

$$
f(x_2,t_2;x_1,t_1)=\frac{1}{\sqrt{2\pi a(t_2-t_1)}}\exp\left[-\frac{(x_2-x_1)^2}{2a(t_2-t_1)}\right] \tag{2.127}
$$

对式(2.127)做求导运算，即可得扩散方程。

设扩散过程 $X(t)$ 的条件概率密度 $f=f_X(x_2,t_2;x_1,t_1)$ $(t_2>t_1)$，则柯尔莫哥洛

夫(前进和后退)方程可表示成

$$
\begin{cases}
\dfrac{\partial f}{\partial t_1}+a(x_1,\ t_1)\dfrac{\partial f}{\partial x_1}+\dfrac{b(x_1,\ t_1)}{2}\dfrac{\partial^2 f}{\partial x_1^2}=0 \\
\dfrac{\partial f}{\partial t_2}+\dfrac{\partial}{\partial x_2}[a(x_2,\ t_2)f]-\dfrac{1}{2}\dfrac{\partial^2}{\partial x_2^2}[b(x_2,\ t_2)f]=0
\end{cases}
\tag{2.128}
$$

式(2.128)中，$a(x,\ t)$ 为在 t 时刻自 x 出发的质点的瞬时平均速度(或者说是过程 $X(t)$ 变化的平均速度)；而 $b(x,\ t)$ 则与质点瞬时平均动能成比例，换言之，$b(x,\ t)$ 是在很小的 Δt 内，质点位移的平方平均偏差与 Δt 的比值。

当随机过程 $X(t)$ 为维纳过程，且 $a(x,\ t)=0$，$b(x,\ t)=a$ 时，把这些条件代入柯尔莫哥洛夫方程，则可得到扩散方程，从而解出条件分布函数。也就是说，维纳过程是一种特殊的扩散过程。

3 非参数化谱估计

谱估计是指从信号数据序列的有限记录中，估计其能量在指定域上的分布情况，希望信号能量在该域上呈现为单个或有限且稀疏的多个冲激函数形式。非参数化谱估计是在先验信号数学模型，但不知道模型中参量具体参数情况下，通过变参数模型匹配的方式得到信号在指定域的能量分布。例如，傅里叶变换通过变参数旋转因子匹配正弦信号频率，得到信号在频域的能量分布。谱估计结果的精确性、稳健性、稀疏性与实时性常用于定性或定量评估谱估计算法。非参数化谱估计算法一般有较好的稳健性与普适性，对于平稳余弦信号，可以采用快速傅里叶变换提高非参数化谱估计的实时性。一般将未采用精细化处理的非参数化谱估计的分辨率作为基准，将优于该基准的称为超分辨或高分辨率谱估计算法。

3.1 非参数化频域谱

对于周期为 T_p 的连续信号 $x(t)=x(t+T_p)$，可以表示为 $x(t)=\sum_{k=-\infty}^{\infty} c_k \mathrm{e}^{\mathrm{j}2\pi k F_0 t}$，式中，$c_k=\frac{1}{T_p}\int_{T_p} x(t)\mathrm{e}^{-\mathrm{j}2\pi k F_0 t}\mathrm{d}t$，$F_0=\frac{1}{T_p}$。例如，$s(t)=\sum_{k=-\infty}^{\infty}\delta(t-kT)$，$C_k=\frac{1}{T}\int_{-\frac{T}{2}}^{\frac{T}{2}}\sum_{l=-\infty}^{\infty}\delta(t-lT)\mathrm{e}^{-\mathrm{j}\omega_0 kt}\mathrm{d}t$，式中，$\int_{-\frac{T}{2}}^{\frac{T}{2}}\sum_{l=-\infty}^{\infty}\delta(t-lT)\mathrm{e}^{-\mathrm{j}\omega_0 kt}\mathrm{d}t=1$，当且仅当 $t=lT$ 时，如图 3.1 所示。

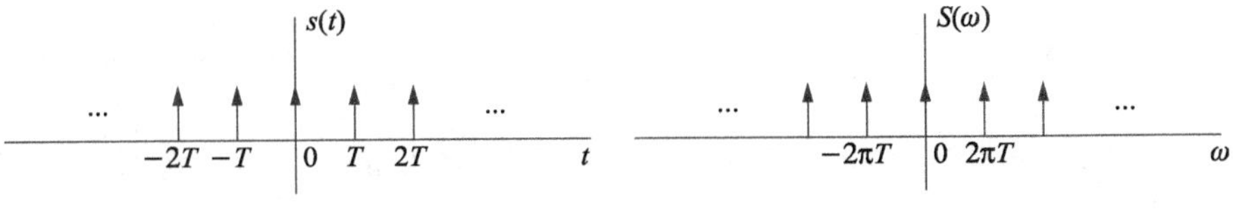

图 3.1 周期连续冲激信号的频谱

对于周期为 N 的离散信号 $x(n+N)=x(n)$，可以表示为

$$x(n)=\frac{1}{N}\sum_{k=0}^{N-1}X(k)\mathrm{e}^{\mathrm{j}2\pi k\frac{n}{N}} \tag{3.1}$$

式(3.1)中，$X(k)=\sum_{k=0}^{N-1}x(n)\mathrm{e}^{-\mathrm{j}2\pi k\frac{n}{N}}$，$X(\omega)=\sum_{n=-\infty}^{\infty}x(n)\mathrm{e}^{-\mathrm{j}\omega n}$。如图 3.2 所示。若满足式

(3.2),则称 $x(n)$ 为有限能量信号。

$$0<\sum_{n=-\infty}^{\infty}|x(n)|^2<\infty \tag{3.2}$$

帕萨瓦尔能量定理是信号处理和傅里叶分析中的一个重要定理。它描述了在时域和频域之间信号能量的等价性。该定理的表达式为

$$\sum_{n=-\infty}^{\infty}|x(n)|^2=\frac{1}{2\pi}\int_{-\pi}^{\pi}S(\omega)\mathrm{d}\omega \tag{3.3}$$

对于式(3.2)中的有限能量信号满足 $S(\omega)=|X(\omega)|^2$。$|X(\omega)|^2$ 是 $\{x(n)\}$ 在基序列 $\{\mathrm{e}^{-\mathrm{j}\omega n}\}$，$\omega\in[-\pi,\pi]$ 上的正交投影长度“测量”值。

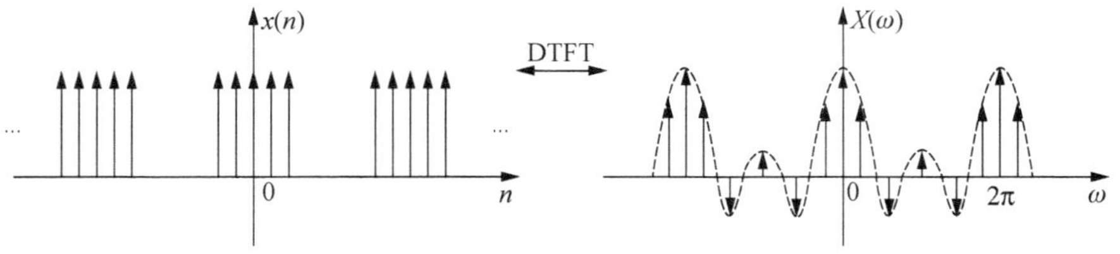

(a) 时域图　　(b) 频域图

图 3.2　周期离散冲激信号的频谱

1）非参数化谱估计的第一种定义

设 $\{x(n)\}$ 是广义平稳序列，有 $E[x(n)]=0$，$r(k)=E[x(n)x^*(n-k)]$。若 $x(n)$ 具有各态历经性，其自相关函数可表示为 $\rho(k)=\sum_{n=-\infty}^{\infty}x(n)x^*(n-k)$，对应的非参数化谱表示为

$$\begin{aligned}\sum_{k=-\infty}^{\infty}\rho(k)\mathrm{e}^{-j\omega k}&=\sum_{k=-\infty}^{\infty}\sum_{n=-\infty}^{\infty}x(n)x^*(n-k)\mathrm{e}^{-\mathrm{j}\omega n}\mathrm{e}^{\mathrm{j}\omega(n-k)}\\&=\Big[\sum_{n=-\infty}^{\infty}x(n)\mathrm{e}^{-\mathrm{j}\omega n}\Big]\Big[\sum_{s=-\infty}^{\infty}x(s)\mathrm{e}^{-\mathrm{j}\omega s}\Big]^*=|X(\omega)|^2=S(\omega)\end{aligned} \tag{3.4}$$

式(3.4)中，$S(\omega)$ 是有限能量序列 $\{x(n)\}$ “自相关”的频谱。非参数化谱的第一种定义称之为相关图，表示为

$$\begin{aligned}P(\omega)&=\sum_{k=-\infty}^{\infty}r(k)\mathrm{e}^{-\mathrm{j}\omega k}\\r(k)&=\frac{1}{2\pi}\int_{-\pi}^{\pi}P(\omega)\mathrm{e}^{\mathrm{j}\omega k}\mathrm{d}\omega\end{aligned}\quad 或 \quad\begin{aligned}P(f)&=\sum_{k=-\infty}^{\infty}r(k)\mathrm{e}^{-\mathrm{j}2\pi fk}\\r(k)&=\int_{-\frac{1}{2}}^{\frac{1}{2}}P(f)\mathrm{e}^{\mathrm{j}2\pi fk}\mathrm{d}f\end{aligned} \tag{3.5}$$

由于 $r(k)$ 是离散的，$P(\omega)$ 和 $P(f)$ 是周期性的，周期分别为 2π 和 1，通常考虑 $\omega\in(-\pi,$

$\pi]$, $f \in \left(-\frac{1}{2}, \frac{1}{2}\right]$。自相关函数 $r(k)$ 具有性质 $r(k)=r^*(-k)$ 且 $r(0) \geqslant |r(k)|$。

2）自相关函数的特性

自相关函数 $r(k)$ 可以构造半正定矩阵。令 $\boldsymbol{z}^H=(\boldsymbol{z}^{\mathrm{T}})^*$，满足 Hermitian 要求，设

$$\boldsymbol{A}=\begin{bmatrix} r(0) & r(k) \\ r^*(k) & r(0) \end{bmatrix}=E\left\{\begin{bmatrix} x(n) \\ x(n-k) \end{bmatrix}\begin{bmatrix} x^*(n) & x^*(n-k) \end{bmatrix}\right\} \tag{3.6}$$

则对于所有的 Hermitian 单位向量 $\boldsymbol{z}$，可以得到

$$\begin{aligned}
\begin{bmatrix} z_1 \\ z_2 \end{bmatrix}^H \begin{bmatrix} r(0) & r(k) \\ r^*(k) & r(0) \end{bmatrix}\begin{bmatrix} z_1 \\ z_2 \end{bmatrix} = \begin{bmatrix} z_1^* & z_2^* \end{bmatrix}\begin{bmatrix} r(0) & r(k) \\ r^*(k) & r(0) \end{bmatrix}\begin{bmatrix} z_1 \\ z_2 \end{bmatrix} \begin{bmatrix} r(0)z_1^*+r^*(k)z_2^* \\ r(k)z_1^*+r(0)z_2^* \end{bmatrix}\begin{bmatrix} z_1 \\ z_2 \end{bmatrix} \\
= r(0)z_1^* z_1+r^*(k)z_2^* z_2+r(k)z_1^* z_1+r(0)z_2^* z_2 \\
= 2r(0)+2\mathrm{real}(r(k)) \geqslant 0
\end{aligned} \tag{3.7}$$

式(3.7)说明形如 $\boldsymbol{A}$ 的矩阵是半正定矩阵。因此 $\boldsymbol{A}$ 的所有特征值不小于 0；$\boldsymbol{A}$ 的对角线之和是特征值之和称为迹；$\boldsymbol{A}$ 的行列式值等于特征值之积不小于 0 且小于等于 $\boldsymbol{A}$ 对角线的乘积。基于式(3.7)，定义 Toeplitz 形式的协方差矩阵为

$$\boldsymbol{R}=\begin{bmatrix} r(0) & r(1) & \cdots & r(m-2) & r(m-1) \\ r^*(1) & r(0) & \cdots & r(m-3) & r(m-2) \\ \vdots & \vdots & & \vdots & \vdots \\ r^*(m-1) & r^*(m-2) & \cdots & r^*(1) & r(0) \end{bmatrix} \tag{3.8}$$

同式(3.7)，$\boldsymbol{R}$ 是半正定的；且 $\boldsymbol{R}=\boldsymbol{R}^H$，$\boldsymbol{R}$ 是 Hermitian 阵。根据式(3.5)可知，减小式(3.8)的维数有利于减少谱估计的复杂性，提高其实时性。一种方法是对式(3.8)截断，当 $r(m) \approx r(m+1) \approx \cdots \approx r(m+N)$ 时，认为 $r(m)$ 仅与噪声相关，取 $r(0)$，$r(1)$，…，$r(m-1)$ 构造自相关函数协方差矩阵。截断法不能体现式(3.8)中余弦信号的个数，因此在参数化谱估计中采用特征值分解减小式(3.8)的维数。

为了减小式(3.8)的维数，令 $\boldsymbol{R}=\boldsymbol{U\Sigma U}^H$，式中，$\boldsymbol{U}^H\boldsymbol{U}=\boldsymbol{UU}^H=\boldsymbol{I}$（$\boldsymbol{U}$ 是酉矩阵，它的列是 $\boldsymbol{R}$ 的特征向量），$\boldsymbol{\Sigma}=\mathrm{diag}(\lambda_1, \cdots, \lambda_m)$，$i=1, \cdots, m$（$\boldsymbol{\Sigma}$ 为 $\boldsymbol{R}$ 的特征矩阵，λ_i 为 $\boldsymbol{R}$ 的特征值，是实数且≥0）。

令 $\boldsymbol{Rx}_i=\lambda_i\boldsymbol{x}_i$，$\boldsymbol{x}_i^H\boldsymbol{Rx}_i=\lambda_i$，因此

$$\boldsymbol{U}=\begin{bmatrix} x_1 & x_2 & \cdots & x_n \end{bmatrix} \tag{3.9}$$

称为右特征向量。

令 $\boldsymbol{R}^H\boldsymbol{y}_i=\lambda_i\boldsymbol{y}_i$，$\boldsymbol{y}_i^H\boldsymbol{R}=\lambda_i\boldsymbol{y}_i^H$，$\boldsymbol{y}_i^H\boldsymbol{Ry}_i=\lambda_i$，因此

$$\boldsymbol{U}^H=[y_1 \quad y_2 \quad \cdots \quad y_n]^H \tag{3.10}$$

称为左特征向量。

因为$\boldsymbol{UU}^H=\boldsymbol{UU}^H=\boldsymbol{I}$，有

$$\boldsymbol{UU}^H=[x_1 \quad x_2 \quad \cdots \quad x_n]\times[y_1 \quad y_2 \quad \cdots \quad y_n]^H=\boldsymbol{I} \tag{3.11}$$

故

$$\sum_{i=1}^{n}\boldsymbol{x}_i\boldsymbol{y}_i^H=\boldsymbol{I},\quad \sum_{i=1}^{n}\boldsymbol{Rx}_i\boldsymbol{y}_i^H=\sum_{i=1}^{n}\lambda_i\boldsymbol{x}_i\boldsymbol{y}_i^H\Rightarrow\boldsymbol{R}=\sum_{i=1}^{n}\lambda_i\boldsymbol{x}_i\boldsymbol{y}_i^H \tag{3.12}$$

类似于图 3.2 中$|X(\omega)|^2$是$\{x(n)\}$在基序列$\{\mathrm{e}^{-j\omega n}\}$，$\omega\in[-\pi,\pi]$上的正交投影长度“测量”值。这里的$\lambda_i$是$\boldsymbol{R}$在$\boldsymbol{x}_i$上的正交投影长度“测量”值。当$\lambda_1>\lambda_2>\cdots>\lambda_m\gg\lambda_{m+1}\approx\lambda_{m+2}\approx\cdots$时，$\boldsymbol{R}$取$m$维。

3）非参数化谱估计的第二种定义

非参数化谱的第二种定义称之为周期图，表示为

$$P(\omega)=\lim_{N\to\infty}E\left[\frac{1}{N}\left|\sum_{n=0}^{N-1}x(n)\mathrm{e}^{-j\omega n}\right|^2\right] \tag{3.13}$$

当$\lim\limits_{N\to\infty}\dfrac{1}{N}\sum\limits_{k=-N+1}^{N-1}|k||r(k)|=0$时，这个定义等价于第一个定义。

证明

$$\begin{aligned}P(\omega)&=\lim_{N\to\infty}E\left[\frac{1}{N}\left|\sum_{n=0}^{N-1}x(n)\mathrm{e}^{-j\omega n}\right|^2\right]\\&=\lim_{N\to\infty}E\left[\frac{1}{N}\sum_{n=0}^{N-1}x(n)\mathrm{e}^{-j\omega n}\sum_{m=0}^{N-1}x^*(m)\mathrm{e}^{j\omega m}\right]\\&=\lim_{N\to\infty}\frac{1}{N}\sum_{n=0}^{N-1}\sum_{m=0}^{N-1}E[x(n)x^*(m)]\mathrm{e}^{-j\omega(n-m)}\end{aligned} \tag{3.14}$$

利用自相关函数的定义化简式(3.14)，可得

$$\begin{aligned}P(\omega)&=\lim_{N\to\infty}\frac{1}{N}\sum_{n=0}^{N-1}\sum_{m=0}^{N-1}r_{xx}(n-m)\mathrm{e}^{-j\omega(n-m)}\\&=\lim_{N\to\infty}\frac{1}{N}\sum_{k=-(N-1)}^{N-1}(N-|k|)r_{xx}(k)\mathrm{e}^{-j\omega k}\\&=\lim_{N\to\infty}\sum_{k=-(N-1)}^{N-1}\left(1-\frac{|k|}{N}\right)r_{xx}(k)\mathrm{e}^{-j\omega k}\\&=\sum_{k=-\infty}^{\infty}r_{xx}(k)\mathrm{e}^{-j\omega k}\end{aligned} \tag{3.15}$$

根据式(3.13)，理想条件下，对于所有ω，都有$P(\omega)\geqslant 0$；对于实序列$x(n)$，有

$r(k)=r(-k)$ 且 $P(\omega)=P(-\omega)$，$\omega\in[-\pi,\pi]$；对于复序列 $x(n)$，有 $r(k)=r^*(-k)$ 且 $P(-\omega)=0$，$\omega\in(0,\pi]$。如果将 $x(n)$ 调制到载频 ω_0 上，$y(n)=x(n)\mathrm{e}^{\mathrm{j}\omega_0 n}$，则 $r_y(k)=r_x(k)\mathrm{e}^{\mathrm{j}\omega_0 k}$，于是 $P_y(\omega)=P_x(\omega-\omega_0)$。

实际中，对于周期图的估计式为

$$\hat{P}_P(\omega)=\frac{1}{N}\left|\sum_{n=0}^{N-1}x(n)\mathrm{e}^{-\mathrm{j}\omega n}\right|^2 \tag{3.16}$$

则对于所有的 ω，有 $\hat{P}_P(\omega)\geqslant 0$；如果 $x(n)$ 是实序列，则 $\hat{P}_P(\omega)$ 是偶对称的。对于相关图的估计式为

$$\hat{P}_c(\omega)=\sum_{k=-(N-1)}^{N-1}\hat{r}(k)\mathrm{e}^{-\mathrm{j}\omega k} \tag{3.17}$$

式(3.17)中，$\hat{r}(k)$ 的估计方法会直接影响 $\hat{P}_c(\omega)$ 的估计效果。

4）非参数化谱估计两种定义的一致性

首先，分析 $r(k)$ 的无偏估计

$$\begin{cases}k\geqslant 0, & \hat{r}(k)=\dfrac{1}{N-k}\displaystyle\sum_{i=k}^{N-1}x(i)x^*(i-k)\\ k<0, & \hat{r}(k)=\hat{r}^*(-k)\end{cases} \tag{3.18}$$

$$E[\hat{r}(k)]=E\left[\frac{1}{N-k}\sum_{i=k}^{N-1}x(i)x^*(i-k)\right]=\frac{1}{N-k}\sum_{i=k}^{N-1}r(k)=r(k)$$

以图 3.3 为例，可以得到 $\hat{r}(0)=\dfrac{1}{3}\displaystyle\sum_0^2(1)(1)=1$，(3 点平均)；$\hat{r}(-1)=\hat{r}(1)=\dfrac{1}{2}\displaystyle\sum_1^2(1)(1)=1$，(2 点平均)；$\hat{r}(-2)=\hat{r}(2)=\dfrac{1}{1}\displaystyle\sum_2^2(1)(1)=1$，(1 点平均)；$\hat{r}(-3)=\hat{r}(3)=0$。从图 3.3 可以看到，虽然 $E[\hat{r}(k)]=r(k)$ 是无偏估计，但是对于较大的 k，相关图出现了负值。这与实际不符，说明无偏 $\hat{r}(k)$ 不能真实反映 $r(k)$。

(a) 离散信号示意图 (b) 信号非参数化谱图 (c) 自相关图

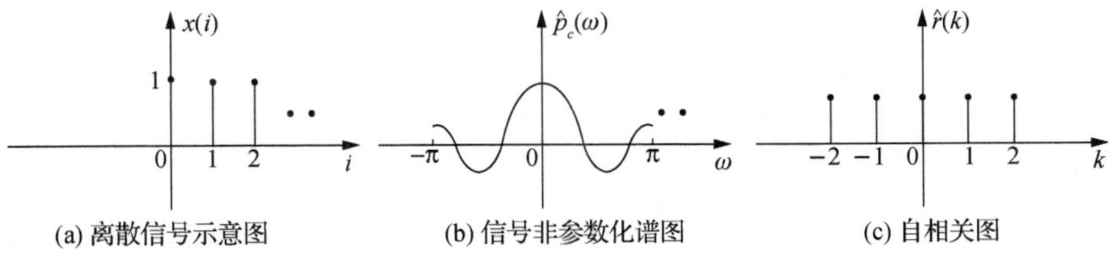

图 3.3　无偏估计时的相关图

接下来，分析 $r(k)$ 的有偏估计

$$\begin{cases} k \geqslant 0, & \hat{r}(k) = \dfrac{1}{N}\sum_{i=k}^{N-1} x(i)x^*(i-k) \\ k < 0, & \hat{r}(k) = \hat{r}^*(-k) \end{cases} \tag{3.19}$$

且 $E[\hat{r}(k)] = \dfrac{1}{N}\sum_{i=k}^{N-1} E[x(i)x^*(i-k)] = \dfrac{1}{N}\sum_{i=k}^{N-1} r(k) = \dfrac{N-k}{N} r(k) \to r(k)$，$N \to \infty$，渐近无偏。以图 3.4 为例，可以得到 $\hat{r}(0) = \dfrac{1}{3}\sum_{0}^{2}(1)(1) = 1$，$\hat{r}(-1) = \hat{r}(1) = \dfrac{1}{3}\sum_{1}^{2}(1)(1) = \dfrac{2}{3}$，$\hat{r}(-2) = \hat{r}(2) = \dfrac{1}{3}\sum_{2}^{2}(1)(1) = \dfrac{1}{3}$。从图 3.4 可以看到，相关图未出现负值，说明有偏 $\hat{r}(k)$ 在实践中优于 $r(k)$ 的无偏估计，且对于所有的 ω，当 $\hat{r}(k)$ 有偏时，$\hat{P}_c(\omega) = \hat{P}_p(\omega) \geqslant 0$

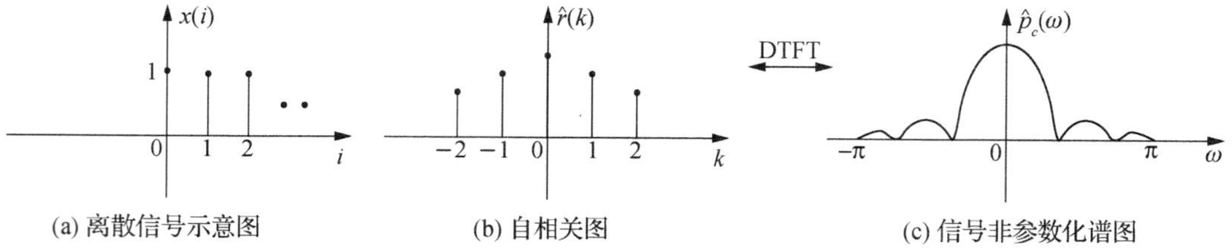

图 3.4　有偏估计时的相关图

同理，对于式(3.8)，重新定义自相关函数协方差估计式子为

$$\hat{\boldsymbol{R}} = \begin{bmatrix} \hat{r}(0) & \hat{r}(1) & \cdots & \hat{r}(N-1) \\ \hat{r}^*(1) & \hat{r}(0) & \cdots & \hat{r}(N-2) \\ \vdots & \vdots & & \vdots \\ \hat{r}^*(N-1) & \hat{r}^*(N-2) & \cdots & \hat{r}(0) \end{bmatrix} \tag{3.20}$$

式(3.20)中，$\hat{r}(k)$ 是有偏估计，$\hat{\boldsymbol{R}}$ 为半正定。式(3.12)证明了理想条件下周期图与相关图是相等的，接下来证明当 $\hat{r}(k)$ 是有偏估计时，周期图与相关图也相等。

证明

$$\begin{aligned} \hat{P}_p(\omega) &= \frac{1}{N}\sum_{n=0}^{N-1} x(n)e^{-j\omega n}\sum_{m=0}^{N-1} x^*(m)e^{j\omega m} \\ &= \frac{1}{N}\sum_{n=0}^{N-1}\sum_{m=0}^{N-1} x(n)x^*(m)e^{-j\omega(n-m)} \end{aligned} \tag{3.21}$$

在式(3.21)之中令 $n=i$，$n-m=k$，可得

$$\hat{P}_p(\omega) = \sum_{k=-(N-1)}^{N-1} \frac{1}{N}\sum_{i=k}^{N-1} x(i)x^*(i-k)e^{-j\omega k}$$

$$=\sum_{k=-(N-1)}^{N-1}\hat{r}_{xx}(k)\mathrm{e}^{-\mathrm{j}\omega k}=\hat{P}_c(\omega) \tag{3.22}$$

根据式(3.22)可得

$$E[\hat{P}_p(\omega)]=E[\hat{P}_c(\omega)]=E\left[\sum_{k=-(N-1)}^{N-1}\hat{r}(k)\mathrm{e}^{-\mathrm{j}\omega k}\right] \tag{3.23}$$

当 $k\geqslant 0$ 时，$E[\hat{r}(k)]=\dfrac{N-k}{N}r(k)$

当 $k<0$ 时，$E[\hat{r}(k)]=E[r^*(-k)]=\dfrac{N+k}{N}r^*(-k)=\dfrac{N-|k|}{N}r(k)$，可得

$$E[\hat{P}_p(\omega)]=\sum_{k=-(N-1)}^{N-1}\left(1-\frac{|k|}{N}\right)r(k)\mathrm{e}^{-j\omega k} \tag{3.24}$$

式(3.24)中，$\left(1-\dfrac{|k|}{N}\right)$ 说明有偏估计方法等效于对无偏估计的 $r(k)$ 加了一个三角窗。

5）非参数化谱估计的二阶矩

周期图与相关图的估计方差由两部分构成，一是傅里叶变换的分辨率，二是噪声方差。假设 $x(n)$ 为零均值复高斯白噪声，于是有

$$\begin{cases}E[x(n)x^*(k)]=\sigma^2\delta(n-k)\\E[x(n)x(k)]=0\quad \text{for all } n,\ k\end{cases} \tag{3.25}$$

式(3.25)中

$$\begin{aligned}E[x(k)x(m)]&=E[x(k)x(m)]=E[(a_k+jb_k)(a_m+jb_m)]\\&=E[a_ka_m+j(b_ka_m+a_kb_m)-b_kb_m]\end{aligned} \tag{3.26}$$

当 $k\neq m$ 时，

$$E[x(k)x(m)]=0 \tag{3.27}$$

当 $k=m$ 时，

$$\begin{aligned}E[x(k)x(m)]&=E\{\mathrm{Re}[x(k)]\mathrm{Re}[x(m)]\}+j2E\{\mathrm{Re}[x(k)]\mathrm{Im}[x(m)]\}-\\&\quad E[\mathrm{Im}(x(k))\mathrm{Im}(x(m))]\\&=0\end{aligned} \tag{3.28}$$

这样，式(3.25)等价于

$$\begin{cases} E\{\mathrm{Re}[x(n)]\mathrm{Re}[x(k)]\}=\dfrac{\sigma^2}{2}\delta(n-k) \\ E\{\mathrm{Im}[x(n)]\mathrm{Im}[x(k)]\}=\dfrac{\sigma^2}{2}\delta(n-k) \\ E\{\mathrm{Re}[x(n)]\mathrm{Im}[x(k)]\}=0 \end{cases} \tag{3.29}$$

式(3.29)中,假设 $x(n)$ 的实部和虚部为 $N\left(0,\dfrac{\sigma^2}{2}\right)$,且相互独立。根据式(3.21),可以得到基于周期图公式的估计方差为

$$\begin{aligned} E[\hat{P}_p(\omega_1)\hat{P}_p(\omega_2)] &= \frac{1}{N^2}\sum_{k=0}^{N-1}\sum_{l=0}^{N-1}\sum_{m=0}^{N-1}\sum_{n=0}^{N-1}E[x(k)x^*(l)x(m)x^*(n)]\mathrm{e}^{-\mathrm{j}\omega_1(k-l)}\mathrm{e}^{-\mathrm{j}\omega_2(m-n)} \\ &= \sigma^4+\frac{\sigma^4}{N^2}\sum_{k=0}^{N-1}\sum_{l=0}^{N-1}\mathrm{e}^{-\mathrm{j}(\omega_1-\omega_2)(k-l)} \\ &= \sigma^4+\frac{\sigma^4}{N^2}\left|\sum_{k=0}^{N-1}\mathrm{e}^{\mathrm{j}(\omega_1-\omega_2)k}\right|^2 \\ &= \sigma^4+\frac{\sigma^4}{N^2}\left\{\frac{\sin\left[(\omega_1-\omega_2)\dfrac{N}{2}\right]}{\sin\dfrac{(\omega_1-\omega_2)}{2}}\right\}^2 \end{aligned} \tag{3.30}$$

式(3.30)中,采用了高阶累积量方公式。

$$E(x_1x_2x_3x_4)-E(x_1x_2)E(x_3x_4)-E(x_1x_3)E(x_2x_4)-E(x_1x_4)E(x_2x_3)=0 \tag{3.31}$$

$$E[x(k)x^*(l)x(m)x^*(n)]=\sigma^4[\delta(k-l)\delta(m-n)+\delta(k-n)\delta(l-m)] \tag{3.32}$$

令式(3.30)中的 $\omega_1=\omega_2$,可以得到非参数化谱估计的二阶矩 $E[\hat{P}_p^2(\omega)]=2\sigma^4$。

3.2 非参数化谱估计

3.2.1 牛顿迭代法

牛顿迭代法通过求出求导函数的零点使对数似然函数最大化。因此可求导使其等于0,服从

$$\frac{\partial \ln p(x;\theta)}{\partial\theta}=0 \tag{3.33}$$

这样，该方法就可以进行等式迭代，令

$$g(\theta)=\frac{\partial \ln p(x;\theta)}{\partial \theta} \tag{3.34}$$

假设对式(3.34)有一初始猜想结果，令其为 θ_0。这样，若 $g(\theta)$ 线性趋近于 θ_0，可令其近似为式(3.35)。

$$g(\theta)\approx g(\theta_0)+\frac{\mathrm{d}g(\theta)}{\mathrm{d}\theta}\Big|_{\theta=\theta_0}(\theta-\theta_0)$$

$$0\approx g(\theta_{k+1})\approx g(\theta_k)+\frac{\mathrm{d}g(\theta)}{\mathrm{d}\theta}\Big|_{\theta=\theta_k}(\theta_{k+1}-\theta_k) \tag{3.35}$$

$$\theta_{k+1}=\left[\frac{-g(\theta_k)}{\frac{\mathrm{d}g(\theta)}{\mathrm{d}\theta}\Big|_{\theta=\theta_k}}\right]+\theta_k \Rightarrow \theta_{k+1}=\theta_k-\left[\frac{\partial \ln p(x;\theta)}{\partial\theta}\cdot\left(\frac{\partial^2 \ln p(x;\theta)}{\partial\theta^2}\right)^{-1}\right]\Bigg|_{\theta=\theta_k} \tag{3.36}$$

3.2.2 窗函数

根据式(3.21)，将 $E[\hat{P}_p(\omega)]$ 改写为

$$E[\hat{P}_p(\omega)]=\sum_{k=-\infty}^{\infty}[w_B(k)r(k)]\mathrm{e}^{-\mathrm{j}\omega k} \tag{3.37}$$

令 $w_B(k)\overset{\text{DTFT}}{\longleftrightarrow}W_B(\omega)$，如图 3.5 所示，则有 $E[\hat{P}_p(\omega)]=\frac{1}{2\pi}\int_{-\pi}^{\pi}P(\psi)W_B(\omega-\psi)\mathrm{d}\psi$。

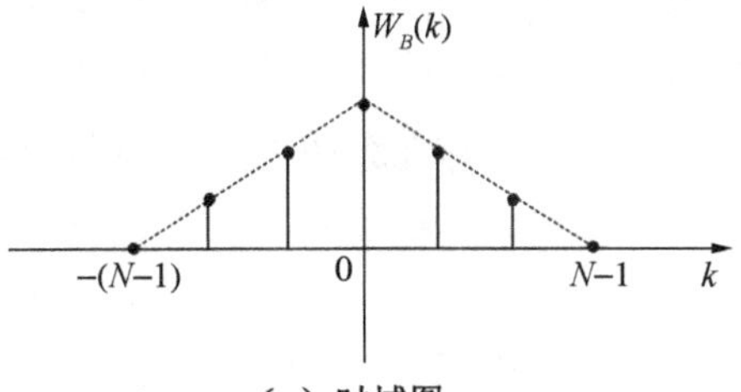

(a) 时域图

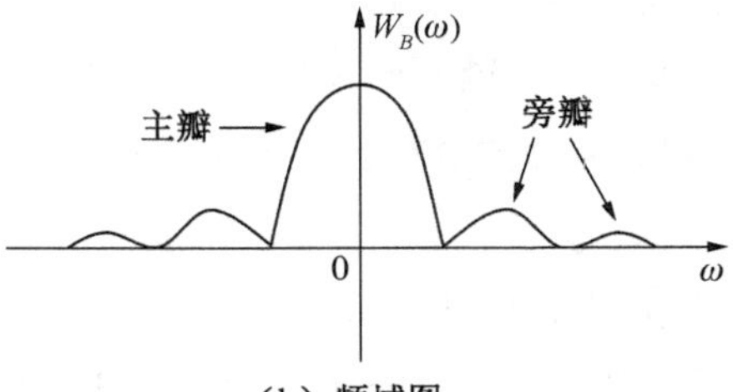

(b) 频域图

图 3.5　三角窗函数的时域图与频域图

各种窗函数频谱特征的主要差别在于主瓣宽度(或称为等效噪声带宽)、幅值失真度、最高旁瓣高度和旁瓣衰减速率等参数。加窗的主要想法是用比较光滑的窗函数代替截取信号样本的矩形窗函数，也就是对截断后的时域信号进行特定的不等加权，使被截断后的时域波形两端突变变得平滑些，以此压低谱窗的旁瓣。因为旁瓣泄露量最大，旁瓣小了泄露也相应减少了。主瓣宽度主要影响信号能量分布和频率分辨能力。频率的实际分辨能

力为等效噪声带宽乘以频率分辨率，因此主瓣越宽，等效噪声带宽越宽，在频率分辨率相同的情况下，频率的分辨能力越差。表 3-1 描述了几种典型窗函数的基本特性。

表 3-1　典型窗函数特性

窗类型	主瓣 ENBW	主瓣 3 dB 带宽	幅值误差/dB	最高旁瓣/dB	旁瓣衰减/dB（每 10 个倍频程）
矩形窗	1.0	0.89	−3.92(36.3%)	−13.3	−20
汉宁窗	1.50	1.44	−1.42(15.1%)	−31.5	−60
哈明窗	1.36	1.30	−1.78(20.6%)	−43.2	−20
平顶窗	3.77	3.72	−0.01(0.1%)	−93.6	0
凯塞窗	1.80	1.71	−1.02(11.1%)	−66.6	−20
布莱克曼窗	2.0	1.68	−1.10(12.5%)	−92.2	−20

对于图 3.5 所示的三角窗函数，可以计算得到它的频谱为

$$W_B(\omega)=\sum_{k=-(N-1)}^{N-1}\frac{N-|k|}{N}\mathrm{e}^{-\mathrm{j}\omega k}=\frac{1}{N}\sum_{l=1}^{N}\sum_{s=}^{N}\mathrm{e}^{-\mathrm{j}\omega(l-s)}=\frac{1}{N}\left|\sum_{l=1}^{N}\mathrm{e}^{-\mathrm{j}\omega l}\right|^2$$
$$=\frac{1}{N}\left|\frac{\mathrm{e}^{-\mathrm{j}\omega N}-1}{\mathrm{e}^{-\mathrm{j}\omega}-1}\right|^2=\frac{1}{N}\left|\frac{\sin(\omega N/2)}{\sin(\omega/2)}\right|^2 \tag{3.38}$$

其 3 dB 主瓣 $W_B(\omega)/W_B(0)=1/2$ 处，经计算可得 $\omega\approx 0.9\pi/N$，$2\omega\approx 1.8\pi/N$。最终周期图的分辨率取决于加窗前的傅里叶变换分辨率、窗函数的 3 dB 带宽（近似于等效噪声带宽）和式(3.30)计算得到的方差这三个因素。

窗函数有利于平滑周期图，抑制周期图副瓣。这个特性来源于所设计的窗函数或信号在时域与频域具有相反的特性，当信号在时域快衰减时，它在频域是慢衰减，表现为时宽积与带宽积不能同时无限小。时宽积与带宽积的定义有两种：第一种仅适用于基带信号，其结论是时宽带宽积等于常数；第二种适用于任意信号，其结论是均方时宽带宽积不小于 1/4。

1）基带信号的时宽带宽积

对于基带形式的窗函数，其等效时宽 N_e 定义为

$$N_e=\frac{\sum_{n=-(M-1)}^{M-1}w(n)}{w(0)} \tag{3.39}$$

如图 3.6(a)所示，矩形窗的时宽定义为

$$N_e=\frac{\sum_{n=-(M-1)}^{M-1}(1)}{1}=2M-1 \tag{3.40}$$

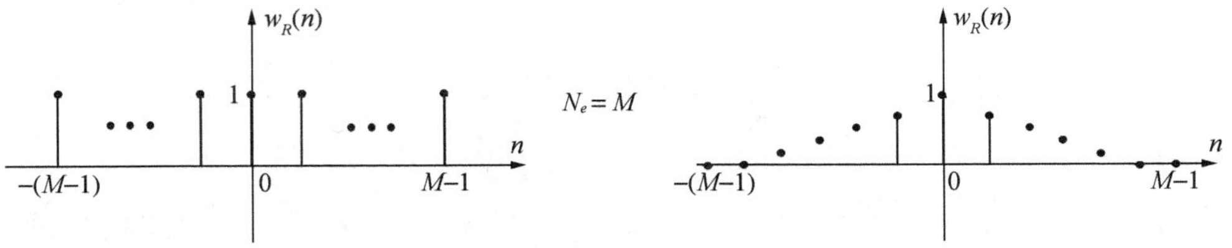

(a) 矩形窗函数　　(b) 三角形窗函数

图 3.6　两种基带形式的窗函数

定义窗函数的等效带宽 β_e 为

$$2\pi\beta_e=\frac{\int_{-\pi}^{\pi}W(\omega)\mathrm{d}\omega}{W(0)} \tag{3.41}$$

已知 $w(n)\overset{\text{DTFT}}{\longleftrightarrow}W(\omega)$，$w(n)=\dfrac{1}{2\pi}\displaystyle\int_{-\pi}^{\pi}W(\omega)\mathrm{e}^{j\omega n}\mathrm{d}\omega$ 且 $w(0)=\dfrac{1}{2\pi}\displaystyle\int_{-\pi}^{\pi}W(\omega)\mathrm{d}\omega$，$W(\omega)=\displaystyle\sum_{n=-(M-1)}^{M-1}w(n)\mathrm{e}^{-j\omega n}$ 且 $W(0)=\displaystyle\sum_{n=-(M-1)}^{M-1}w(n)$，于是有

$$N_e\beta_e=\frac{\sum_{n=-(M-1)}^{M-1}w(n)}{\frac{1}{2\pi}\int_{-\pi}^{\pi}W(\omega)\mathrm{d}\omega}\,\frac{\int_{-\pi}^{\pi}W(\omega)\mathrm{d}\omega}{2\pi\sum_{n=-(M-1)}^{M-1}w(n)}=1 \tag{3.42}$$

2）均方时宽带宽积

对于任意形式的窗函数或者信号，给定信号 $x(t)$，若 $\lim\limits_{t\to\infty}\sqrt{t}x(t)=0$，则 $\Delta_t\Delta_\Omega\geqslant\dfrac{1}{2}$。具体来讲，$\Delta_t^2=\dfrac{1}{E}\displaystyle\int t^2\mid x(t)\mid^2\mathrm{d}t$，$\Delta_\Omega^2=\dfrac{1}{2\pi E}\displaystyle\int\Omega^2\mid X(\Omega)\mid^2\mathrm{d}\Omega$。当且仅当 $x(t)$ 为高斯信号，即 $x(t)=A\mathrm{e}^{-at^2}$ 时等号成立。不失一般性，设 $t_0=0$，$\Omega_0=0$，于是有

$$\Delta_t^2\Delta_\Omega^2=\frac{1}{2\pi E^2}\int t^2\mid x(t)\mid^2\mathrm{d}t\int\Omega^2\mid X(\Omega)\mid^2\mathrm{d}\Omega \tag{3.43}$$

由于 $\mathrm{j}\Omega X(\Omega)$ 是 $x'(t)$ 的傅里叶变换，利用 Parseval 定理，上式可改写为

$$\Delta_t^2\Delta_\Omega^2=\frac{1}{E^2}\int t^2\mid x(t)\mid^2\mathrm{d}t\int\mid x'(t)\mid^2\mathrm{d}t \tag{3.44}$$

由 Schwarz 不等式有

$$\Delta_t^2\Delta_\Omega^2\geqslant\frac{1}{E^2}\left|\int tx(t)x'(t)\mathrm{d}t\right|^2 \tag{3.45}$$

由于

$$\int tx(t)x'(t)\mathrm{d}t = \frac{1}{2}\int t\mathrm{d}x^2(t) = \frac{tx^2(t)}{2}\bigg|_{-\infty}^{\infty} - \frac{1}{2}\int x^2(t)\mathrm{d}t \tag{3.46}$$

假定 $\lim\limits_{t\to\infty}\sqrt{t}\,x(t)=0$，上式应等于 $-\frac{1}{2}E$，于是有 $\Delta_t^2\Delta_\Omega^2 \geqslant \frac{1}{4}$。若令等式成立，则要求 $x'(t)=ktx(t)$。这样 $x(t)$ 只能是 $A\mathrm{e}^{-at^2}$ 的高斯信号形式。该定理称为不确定性原理，又称 Heisenberg 测不准原理。

利用均方时宽带宽积，可以分析雷达信号的测距与测速性能。首先，分析雷达测距精度。假设有两个信号：$s(t-\tau)=\mu(t-\tau)\mathrm{e}^{\mathrm{j}2\pi f_0(t-\tau)}$，$r(t)=\mu(t)\mathrm{e}^{\mathrm{j}2\pi f_0 t}+n(t)\mathrm{e}^{\mathrm{j}2\pi f_0 t}$。测距精度表现为这两个信号的方差最小值，即

$$\begin{aligned}\min\varepsilon^2 &= \int_0^T |s(t-\tau)-r(t)|^2\mathrm{d}t \\ &= \int_0^T \{|s(t-\tau)|^2 + |r(t)|^2 - [s^*(t-\tau)r(t)+s(t-\tau)r^*(t)]\}\,\mathrm{d}t\end{aligned} \tag{3.47}$$

因为 $(a-jb)(c+jd)=ac+bd-jbc+jad$，$(a+jb)(c-jd)=ac+bd-jad+jbc$，导入上式为

$$\begin{aligned}\min\varepsilon^2 &\propto -2\mathrm{Re}\int_0^T [s^*(t-\tau)r(t)]\,\mathrm{d}t = -2\mathrm{Re}[R_{\mu\mu}(\tau)+R_{\mu n}(\tau)] \\ &= -2\mathrm{Re}\left[\mathrm{e}^{\mathrm{j}2\pi f_0\tau}\int_0^T \mu^*(t-\tau)\mu(t)\mathrm{d}t + \mathrm{e}^{\mathrm{j}2\pi f_0\tau}\int_0^T \mu^*(t-\tau)n(t)\mathrm{d}t\right] \\ &\propto -\mathrm{Re}\left[\int_0^T \mu^*(t-\tau)\mu(t)\mathrm{d}t + \int_0^T \mu^*(t-\tau)n(t)\mathrm{d}t\right]\end{aligned} \tag{3.48}$$

假设 $\mathrm{Re}\left[\int_0^T \mu^*(t-\tau)\mu(t)\mathrm{d}t + \int_0^T \mu^*(t-\tau)n(t)\mathrm{d}t\right]$ 为光滑函数。且当 τ 最接近真值时，$\mathrm{Re}\left[\int_0^T \mu^*(t-\tau)\mu(t)\mathrm{d}t + \int_0^T \mu^*(t-\tau)n(t)\mathrm{d}t\right]$ 应为局部最大。

且 $\mathrm{Re}\left[\int_0^T \mu^*(t-\tau)\mu(t)\mathrm{d}t + \int_0^T \mu^*(t-\tau)n(t)\mathrm{d}t\right]$ 的导数应为 0，即 $\mathrm{Re}\left[\frac{\mathrm{d}(R_{\mu\mu}(\tau)+R_{\mu n}(\tau))}{\mathrm{d}\tau}\right]=0$。用泰勒级数展开为

$$\mathrm{Re}[R_{\mu\mu}(\tau)] \approx \mathrm{Re}\left[R_{\mu\mu}(\tau_0) + R'_{\mu\mu}(\tau_0)(\tau-\tau_0) + \frac{1}{2}R''_{\mu\mu}(\tau_0)(\tau-\tau_0)^2\right] \tag{3.49}$$

因为假定 τ_0 为真值，那么自相关函数是偶函数，因此有

$$R'_{\mu\mu}(\tau_0) \approx 0$$

$$\mathrm{Re}[R_{\mu\mu}(\tau)] \approx \mathrm{Re}\left[R_{\mu\mu}(\tau_0) + \frac{1}{2}R''_{\mu\mu}(\tau_0)(\tau-\tau_0)^2\right] \tag{3.50}$$

对 τ 求导,有 $\dfrac{\mathrm{dRe}[R_{\mu\mu}(\tau)]}{\mathrm{d}\tau} \approx \mathrm{Re}[R''_{\mu\mu}(\tau_0)(\tau-\tau_0)]$,将 $\dfrac{\mathrm{dRe}[R_{\mu\mu}(\tau)]}{\mathrm{d}\tau} \approx \mathrm{Re}[R''_{\mu\mu}(\tau_0)(\tau-\tau_0)]$ 代入 $\mathrm{Re}\left[\dfrac{\mathrm{d}(R_{\mu\mu}(\tau)+R_{\mu n}(\tau))}{\mathrm{d}\tau}\right]=0$,有

$$\mathrm{Re}[R''_{\mu\mu}(\tau_0)(\tau-\tau_0)+R'_{\mu n}(\tau)]=0 \Rightarrow (\tau-\tau_0)=-\mathrm{Re}\left[\frac{R'_{\mu n}(\tau)}{R''_{\mu\mu}(\tau_0)}\right] \tag{3.51}$$

因为假定 τ_0 为真值,根据傅里叶变换,有 $R_{\mu\mu}(\tau_0)=\int_{-\infty}^{\infty}|\mu(f)|^2\mathrm{d}f$,则

$$R''_{\mu\mu}(\tau_0)=(2\pi)^2\int_{-\infty}^{\infty}f^2|\mu(f)|^2\mathrm{d}f \tag{3.52}$$

因为 $n(t)$ 是高斯白噪声,$R'_{\mu n}(\tau)$ 也是一个随机变量,所以有

$$\begin{aligned}\bar{R}'_{\mu n}(\tau) &= \left[\frac{1}{T}\int_0^{\mathrm{T}}|R'_{\mu n}(\tau)|^2\mathrm{d}\tau\right]^{\frac{1}{2}} \\ &= \left[\int_{-\infty}^{\infty}(2\pi f)^2|\mu(f)|^2 \mathrm{N}_0\mathrm{d}f\right]^{\frac{1}{2}} \\ &= \sqrt{N_0}\left[(2\pi)^2\int_{-\infty}^{\infty}f^2|\mu(f)|^2\mathrm{d}\tau\right]^{\frac{1}{2}}\end{aligned} \tag{3.53}$$

于是有

$$\begin{aligned}|\bar{\sigma}_\tau| = |\tau-\tau_0| &= \mathrm{Re}\left[\frac{\sqrt{N_0}}{(2\pi)^2\int_{-\infty}^{\infty}f^2|\mu(f)|^2\mathrm{d}f}\right] \\ &= \frac{\sqrt{N_0}}{\left[(2\pi)^2\int_{-\infty}^{\infty}f^2|\mu(f)|^2\mathrm{d}f\right]^{\frac{1}{2}}} = \frac{\sqrt{N_0}\left[\int_{-\infty}^{\infty}|\mu(f)|^2\mathrm{d}f\right]^{\frac{1}{2}}}{\left[\dfrac{(2\pi)^2\int_{-\infty}^{\infty}f^2|\mu(f)|^2\mathrm{d}f}{\int_{-\infty}^{\infty}|\mu(f)|^2\mathrm{d}f}\right]^{\frac{1}{2}}}\end{aligned} \tag{3.54}$$

同理,若 $s(t)=\mu(t-\tau)\mathrm{e}^{\mathrm{j}2\pi(f_0-\xi)t}$,$r(t)=\mu(t)\mathrm{e}^{\mathrm{j}2\pi f_0 t}+n(t)\mathrm{e}^{\mathrm{j}2\pi f_0 t}$。可得雷达测速精度为

$$|\bar{\sigma}_\xi| = |\xi-\xi_0| = \frac{\sqrt{N_0}\left[\int_{-\infty}^{\infty}|\mu(t)|^2\mathrm{d}t\right]^{\frac{1}{2}}}{\left[\dfrac{(2\pi)^2\int_{-\infty}^{\infty}t^2|\mu(t)^2|\mathrm{d}t}{\int_{-\infty}^{\infty}|\mu(t)^2|\mathrm{d}t}\right]^{\frac{1}{2}}} \tag{3.55}$$

式(3.54)与(3.55)给出了雷达测距精度与测速精度。但是,它没有给出信号时延与多普勒的耦合关系。

除了窗函数以外,还可以根据实际处理数据的特性,选择多段平均或者多段重叠平均的方法进一步抑制副瓣。例如,令 $\hat{P}_l(\omega)=\dfrac{1}{M}\left|\sum_{n=0}^{M-1}w(n)x_l(n)\mathrm{e}^{-\mathrm{j}\omega n}\right|^2$,且 $\hat{P}_W(\omega)=\dfrac{1}{S}\sum_{l=1}^{s}\hat{P}_l(\omega)$。这些方法是否有显著效果,需要根据应用场景进行分析。

3.2.3 高分辨率方法

周期图或者相关图方法虽然分辨率有限,但是它具有运算速度快、对数学模型精度要求低、鲁棒性强等优点。因此,在周期图基础上提出了能够提高分辨能力的方法,典型的有周期图加离散傅里叶变换的组合法、垫零方法与 RIFE 方法。下面以垫零方法与 RIFE 方法给出示例。

1) 垫零方法

垫零方法如图 3.7 所示。填充的 0 越多,$X(k)$ 与 $X(\omega)$ 越接近。对于有限持续时间序列,$X(k)$ 是 $X(\omega)$ 的采样版本。

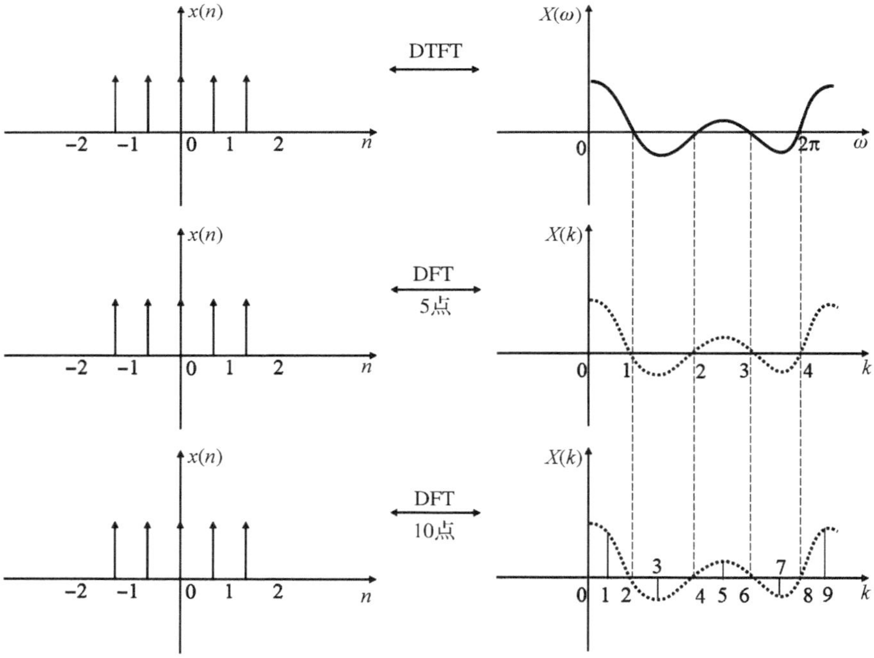

图 3.7 基于垫零的周期图分辨能力改善

对于图 3.7,令 $x(n)$, $n=0, 1, \cdots, N-1$, 则 $X(k)=\sum_{n=0}^{N-1} x(n) e^{-j\frac{2\pi}{N}nk}$。假设在 $x(N-1)$ 后补充 $(r-1)N$ 个 0,且 r 为整数,于是有

$$x'(n)=\begin{cases} x(n) & n=0, 1, 2, \cdots, N-1 \\ 0 & n=N, N+1, \cdots, rN-1 \end{cases}$$

$$\begin{aligned} X'(k) &= \sum_{n=0}^{rN-1} x'(n) e^{-j\frac{2\pi}{rN}nk} = \sum_{n=0}^{N-1} x(n) e^{-j\frac{2\pi}{rN}nk} \\ &= \sum_{n=0}^{N-1}\left[\frac{1}{N}\sum_{m=0}^{N-1} X(m) e^{j\frac{2\pi}{N}nm}\right] e^{-j\frac{2\pi}{rN}nk} \\ &= \sum_{m=0}^{N-1} \frac{X(m)}{N} \sum_{n=0}^{N-1} e^{j\frac{2\pi}{rN}(rm-k)n} \triangleq \sum_{m=0}^{N-1} \frac{X(m)}{N} S(m, k) \end{aligned} \tag{3.56}$$

当 $k=rm$, $\sum_{n=0}^{N-1} e^{j\frac{2\pi}{rN}(rm-k)n}=N \cdot \delta(rm-k)$。那么 $X'(rm)=\sum_{m=0}^{N-1} \frac{X(m)}{N} N \cdot \delta(rm-k)=X(m)$。于是,可以在 $X'(k)$ 中寻找峰值对应的高分辨率频点值。

2) RIFE 算法

RIFE 算法假设 $s(t)=a e^{j(2\pi f_0 t+\theta)}$,对应的离散形式为 $s(n\Delta t)=a e^{j(2\pi f_0 n\cdot\Delta t+\theta)}$。假设有 N 个样本,那么有

$$X(k)=\sum_{n=0}^{N-1} a e^{j(2\pi f_0 n\Delta t+\theta)} e^{-j2\pi nk/N}=a e^{j\theta} \sum_{n=0}^{N-1} e^{j\left(2\pi f_0-\frac{2\pi k}{N\Delta t}\right) n\cdot\Delta t} \tag{3.57}$$

式(3.57)中,$\sum_{n=0}^{N-1} e^{j\left(2\pi f_0-\frac{2\pi k}{N\Delta t}\right) n\cdot\Delta t}\Big|_{\Delta t=1}=\dfrac{e^{j\left(2\pi f_0-\frac{2\pi k}{N}\right) N}-1}{e^{j\left(2\pi f_0-\frac{2\pi k}{N}\right)}-1}$,于是有

$$\begin{aligned} |X(k)| &= a\left|\frac{e^{j\left(2\pi f_0-\frac{2\pi k}{N}\right) N}-1}{e^{j\left(2\pi f_0-\frac{2\pi k}{N}\right)}-1}\right| = a\left|\frac{\sin\left[\left(2\pi f_0-\frac{2\pi k}{N}\right) N/2\right]}{\sin\left[\left(2\pi f_0-\frac{2\pi k}{N}\right)/2\right]}\right| \\ &= a\left|\frac{\sin[(\pi f_0 N-\pi k)]}{\sin\left[\left(2\pi f_0-\frac{2\pi k}{N}\right)/2\right]}\right| = a\left|\frac{\sin(\pi f_0 N)}{\sin\left[\left(2\pi f_0-\frac{2\pi k}{N}\right)/2\right]}\right| \end{aligned} \tag{3.58}$$

假设 N 非常大,那么有

$$|X(k)| \approx a\left|\frac{\sin(\pi f_0 N)}{\pi f_0-\frac{\pi k}{N}}\right| \tag{3.59}$$

$$\frac{|X(k_0)|}{|X(k_0+1)|} \approx a \left| \frac{\pi f_0 - \frac{\pi(k_0+1)}{N}}{\pi f_0 - \frac{\pi k_0}{N}} \right| \tag{3.60}$$

式(3.60)中，$|X(k_0)|$ 是最大谱，$|X(k_0+1)|$ 是第二大谱。利用 $|X(k_0+1)|$、$|X(k_0)|$ 与 $|X(k_0-1)|$ 构造样条曲线，就可以找出峰值对应的高分辨率频点值。

4 参数化谱估计

相比于参数化谱估计，非参数化谱估计类似于模板匹配滤波方法。参数化谱估计以数学模型为基础，将谱估计完全转变为数学方程求解，它对干扰数据与求解方法比较敏感。参数化谱估计既可以根据经验为参量赋值，也可以通过复杂运算求解，它并不要求解出数学模型中的所有参量，只需要通过方程求解得到自己感兴趣的参量即可。一般除非参数化谱估计方法以外，只要涉及数学模型参数赋值的，都称之为参数化谱估计，这使得参数化谱估计方法多种多样。在实际应用中，需要根据数据特性与系统性能要求选择特定的谱估计算法。本章首先介绍基于系统辨识的估计方法，之后介绍多种最小二乘法、普罗尼算法、子空间方法、多重信号分类算法、旋转不变子空间算法、最小模方法、二维谱估计以及递推卡尔曼滤波算法等参数化谱估计方法，如果数据适用于本章数学模型，就可以直接采用相应的参数估计公式进行求解。

4.1 基于系统辨识的估计方法

系统辨识的估计方法假设系统可以表示为有理谱的可逆系统。虽然可逆系统属于最小相位系统，但是最小相位系统不一定是可逆系统。因此基于系统辨识的估计方法仅适用于有理谱形式，数字系统模型常采用 z 变换形式，表示为

$$\begin{cases} X(z)=\sum_{n=-\infty}^{\infty} x(n) z^{-n} \\ x(n)=\frac{1}{\mathrm{j} 2\pi} \int_{c} X(z) z^{n-1} \mathrm{d} z \end{cases} \tag{4.1}$$

对于有限持续时间序列 $x(n)$，$X(z)=\sum_{n=0}^{N-1} x(n) z^{-n}$。傅里叶变换与 z 变换的对应关系是 $X(k)=X(z)\big|_{z=\mathrm{e}^{\mathrm{j}2\pi k/N}}$。典型的数字系统常用差分方程描述为

$$\begin{cases} \sum_{k=0}^{N-1} a_k y(n-k)=\sum_{k=0}^{M} b_k x(n-k) \\ H(z)=\frac{\sum_{k=0}^{M} b_k z^{-k}}{\sum_{k=0}^{N} a_k z^{-k}} \end{cases} \tag{4.2}$$

式(4.2)中，$H(z)$ 属于有界输入有界输出的稳定因果系统，$H(z)$ 的所有极点和零点都在系统的单位圆内。当 $N=0$ 时，$H(z)$ 是有限冲激响应系统；当 $N\neq 0$ 时，$H(z)$ 是无限冲激响应系统。

令

$$\begin{aligned} A(z) &= 1+a_1z^{-1}+\cdots+a_nz^{-n} \\ B(z) &= 1+b_1z^{-1}+\cdots+b_mz^{-m} \end{aligned} \tag{4.3}$$

式(4.3)中，$A(\omega)=A(z)\big|_{z=e^{j\omega}}$。则系统辨识模型的谱估计就是估计 $H(z)\big|_{z=e^{j\omega}}$。对应的三种系统辨识模型可以表示为 AR 模型、MA 模型与 ARMA 模型，上述三种信号模型可用图 4.1 解释

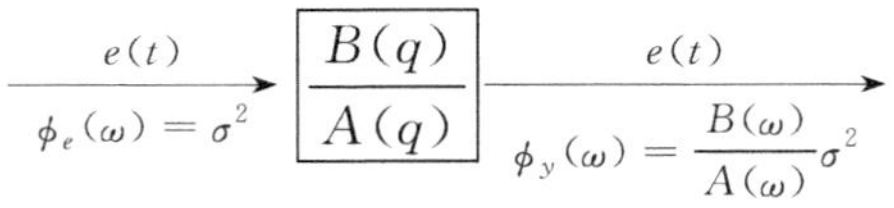

图 4.1　信号模型

图 4.1 中，ARMA 模型定义为

$$A(q)y(t)=B(q)e(t) \tag{4.4}$$

AR 模型定义为

$$A(q)y(t)=e(t) \tag{4.5}$$

MA 模型定义为

$$y(t)=B(q)e(t) \tag{4.6}$$

ARMA 信号模型是 AR 与 MA 模型的组合，其时域表示为

$$y(t)+\sum_{i=1}^{n}a_iy(t-i)=\sum_{j=0}^{m}b_je(t-j),\quad (b_0=1) \tag{4.7}$$

与 $y^*(t-k)$ 相乘并将之代入 $E\{\}$ 之中得

$$\begin{aligned} r(k)+\sum_{i=1}^{n}a_ir(k-i) &= \sum_{j=0}^{m}b_jE\{e(t-j)y^*(t-k)\} \\ &= \sigma^2\sum_{j=0}^{m}b_jh_{j-k}^*=0 \text{ for } k>m \end{aligned} \tag{4.8}$$

对于式(4.8)，假设 $m=0$，则以矩阵形式写出协方差方程 $(k=1,\ 2,\ \cdots,\ n)$，其满足如下矩阵

$$\begin{bmatrix} r(0) & r(-1) & \cdots & r(-n) \\ r(1) & r(0) & \cdots & r(-n+1) \\ \vdots & \vdots & & \vdots \\ r(n) & r(n-1) & \cdots & r(0) \end{bmatrix}\begin{bmatrix} 1 \\ a_1 \\ \vdots \\ a_n \end{bmatrix}=\begin{bmatrix} \sigma^2 \\ 0 \\ \vdots \\ 0 \end{bmatrix} \tag{4.9}$$

$$\boldsymbol{R}\begin{bmatrix}1\\ \theta\end{bmatrix}=\begin{bmatrix}\sigma^2\\ 0\end{bmatrix} \tag{4.10}$$

式(4.10)称之为 Yule-Walker(YW)方程。它是典型的 AR 模型，$\boldsymbol{R}$ 代表上式中最左边的矩阵，θ 代表上式中等号左边的系统。它用于求解 AR 模型的参数 θ。

当式(4.7)中 $n=0$ 时，它退化为 MA 模型，表示为

$$y(t)=B(q)e(t)=e(t)+b_1e(t-1)+\cdots+b_me(t-m) \tag{4.11}$$

因此

$$r(k)=0 \text{ for } |k|>m$$

且

$$\phi(\omega)=|B(\omega)|^2\sigma^2=\sum_{k=-m}^{m}r(k)\mathrm{e}^{-\mathrm{j}\omega k} \tag{4.12}$$

MA 模型可以采用典型的相关图方法求解。AR 模型参数可以采用矩阵代数求解。ARMA 模型是 AR 模型与 MA 模型解的综合。接下来，先给出 ARMA 模型参数的一般求解过程，观察它与 AR 和 MA 模型的关系；之后，再将重点放在 AR 模型参数的估计上。

ARMA 模型可以同时表示波峰(AR 部分)和波谷(MA 部分)的频谱，表示为

$$A(q)y(t)=B(q)e(t) \tag{4.13}$$

$$\phi(\omega)=\sigma^2\left|\frac{B(\omega)}{A(\omega)}\right|^2=\frac{\sum_{k=-m}^{m}\gamma_k\mathrm{e}^{-\mathrm{j}\omega k}}{|A(\omega)|^2} \tag{4.14}$$

式(4.14)中

$$\begin{aligned}\gamma_k&=E\{[B(q)e(t)][B(q)e(t-k)]^*\}\\&=E\{[A(q)y(t)][A(q)y(t-k)]^*\}=\sum_{j=0}^{n}\sum_{p=0}^{n}a_ja_p^*r_{,}(k+p-j)\end{aligned} \tag{4.15}$$

假设 ARMA 模型是可逆的，则有

$$\begin{aligned}e(t)&=\frac{A(q)}{B(q)}y(t)=y(t)+\alpha_1y(t-1)+\alpha_2y(t-1)+\cdots\\&=\mathrm{AR}(\infty)\text{ with}|\alpha_k|\rightarrow 0\text{ as }k\rightarrow\infty\end{aligned} \tag{4.16}$$

ARMA 模型的求解步骤如下：

1）从足够大 k 值进行估计

$$e(t)\approx y(t)+\alpha_1y(t-1)+\cdots+\alpha_Ky(t-K) \tag{4.17}$$

(1) 利用 AR 模型技术估计系数 $\{\alpha_k\}_{k=1}^{K}$。

(2) 估计噪声序列 $\hat{e}(t)=y(t)+\hat{\alpha}_1 y(t-1)+\cdots+\hat{\alpha}_K y(t-K)$，其方差为 $\hat{\sigma}^2=\dfrac{1}{N-K}\sum_{t=K+1}^{N}|\hat{e}(t)|^2$。

2) 在 ARMA 方程中，用 $\hat{e}(t)$代替$\{e(t)\}$

$$A(q)y(t)\simeq B(q)\hat{e}(t) \tag{4.18}$$

并用最小二乘法(参见 4.2 节)得到 $\{a_i, b_j\}$ 的估计值，于是有

$$y(t)-\hat{e}(t)\simeq[-y(t-1)\cdots-y(t-n),\ \hat{e}(t-1)\cdots\hat{e}(t-m)]\theta$$

$$\theta=[a_1\cdots a_n b_1\cdots b_m]^{\mathrm{T}} \tag{4.19}$$

则 ARMA 协方差方程可以表示为

$$r(k)+\sum_{i=1}^{n}a_i r(k-i)=0,\quad k>m \tag{4.20}$$

写成矩阵形式为

$$\begin{bmatrix} r(m) & \cdots & r(m-n+1) \\ r(m+1) & \cdots & r(m-n+2) \\ \vdots & & \vdots \\ r(m+M-1) & \cdots & r(m-n+M) \end{bmatrix}\begin{bmatrix} a_1 \\ \vdots \\ a_n \end{bmatrix}=-\begin{bmatrix} r(m+1) \\ r(m+2) \\ \vdots \\ r(m+M) \end{bmatrix} \tag{4.21}$$

式(4.21)中可以用 $\{\hat{r}(k)\}$ 代替 $\{r(k)\}$ 并求解 $\{a_i\}$。如果 $M=n$，可以利用 Levinson-Durbin 递推算法求解 $\{\hat{a}_i\}$。如果 $M>n$，符合超定 YW 系统方程，可以利用最小二乘法求解。对于窄带 ARMA 信号，$\{\hat{a}_i\}$ 的准确性往往在 $M>n$ 时更好。超定修正 Yule-Walker 方程 ($M>p$) 表示为

$$\begin{bmatrix} \hat{r}(q) & \cdots & \hat{r}(q-p+1) \\ \vdots & & \vdots \\ \hat{r}(q+p-1) & \cdots & \hat{r}(q) \\ \vdots & & \vdots \\ \hat{r}(q+M-1) & \cdots & \hat{r}(q+M-p) \end{bmatrix}\begin{bmatrix} \hat{a}_1 \\ \vdots \\ \hat{a}_p \end{bmatrix}\approx-\begin{bmatrix} \hat{r}(q+1) \\ \vdots \\ \hat{r}(q+p) \\ \vdots \\ \hat{r}(q+M) \end{bmatrix} \tag{4.22}$$

ARMA 模型的典型应用是设计维纳滤波器，下面分别介绍非因果滤波器与因果滤波器。

1) 非因果维纳滤波器

设

$$\begin{aligned} \varepsilon &= E\{|e(n)|^2\} \\ &= E\left\{\left[d(n)-\sum_{k=-\infty}^{\infty}h_k y(n-k)\right]\left[d(n)-\sum_{l=-\infty}^{\infty}h_l y(n-l)\right]^*\right\} \end{aligned}$$

$$=r_{dd}(0)-\sum_{l=-\infty}^{\infty}h_l^* r_{dy}(l)-\sum_{k=-\infty}^{\infty}h_k r_{dy}^*(k)+\sum_{k=-\infty}^{\infty}\sum_{l=-\infty}^{\infty}r_{yy}(l-k)h_k h_l^* \tag{4.23}$$

令 $h_i=\alpha_i+j\beta_i$，$\dfrac{\partial\varepsilon}{\partial\alpha_i}=0$，$\dfrac{\partial\varepsilon}{\partial\beta_i}=0\Rightarrow r_{dy}(i)=\sum_{k=-\infty}^{\infty}h_k^o r_{yy}(i-k)$，$\forall i$。式(4.23)中，$r_{dd}(0)-\sum h_l^* r_{dy}(l)-\sum h_k^* r_{dy}(k)+\sum\sum r_{yy}(l-k)h_k h_l^*$ 对 h_i 求导且令其为 0，只会留下与 $r_{dy}(i)$ 有关的项。

$$B(z)B^*\left(\frac{1}{z^*}\right)=\frac{1}{P_{yy}(z)} \tag{4.24}$$

于是有 $P_{yy}(z)|B(z)|^2=1$，$B(z)B^*\left(\dfrac{1}{z^*}\right)=\dfrac{1}{P_{yy}(z)}$。

根据图 4.2，可以得到 $\sum_{k=0}^{\infty}g_k^o r_{\eta\eta}(i-k)=r_{d\eta}(i)$，因为 $r_{\eta\eta}(i-k)$ 是 δ 函数，所以有 $g_i^o=r_{d\eta}(i)$，g_i^o 是因果的，所以有 $g^o(i)=r_{d\eta}(i)u(i)$，于是有 $G(z)=[P_{d\eta}(z)]_+$。将 $r_{d\eta}(i)$ 展开，则有 $r_{d\eta}(i)=E\{d(n+i)\eta^*(n)\}$，于是进一步推导可以得到 $G(z)=[P_{d\eta}(z)]_+=\left[P_{dy}(z)B^*\left(\dfrac{1}{z^*}\right)\right]_+$，$H(z)=B(z)G(z)=B(z)\left[P_{dy}(z)B^*\left(\dfrac{1}{z^*}\right)\right]_+$，将 $B(z)B^*\left(\dfrac{1}{z^*}\right)=\dfrac{1}{P_{yy}(z)}$ 代入，可以得到 $H(z)=B(z)\left[P_{dy}(z)\dfrac{1}{P_{yy}(z)B(z)}\right]_+=P_{dy}(z)\dfrac{1}{P_{yy}(z)}$，得到 $P_{dy}(z)=P_{yy}(z)H(z)$，于是有 $r_{dy}(i)=\sum_{k=0}^{\infty}h_k^o r_{yy}(i-k)$。

因此，如图 4.2 所示，非因果 IIR 维纳滤波器 $H(e^{j\omega})$ 可以看作是两个滤波器的级联，前面是逆滤波器 $1/G(e^{j\omega})$，后面是一个非因果的维纳平滑滤波器，用于降低滤波后的噪声。

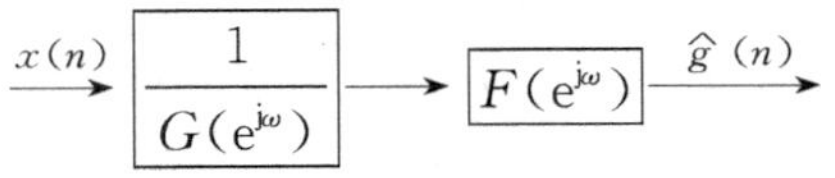

图 4.2　非因果的维纳滤波器

2）因果维纳滤波器

前面的设计中没有对解的形式进行约束，下面加上因果性的约束，即 $n<0$ 时，$h(n)=0$。这时的 $d(n)$ 估计应为

$$\hat{d}(n)=x(n)*h(n)=\sum_{k=0}^{\infty}h(k)x(n-k) \tag{4.25}$$

为得到使均方误差最小的滤波器系数，与非因果维纳滤波器的设计一样，写出误差 ε 并取 $\partial\varepsilon/\partial h^*(k)=0\ (k\geqslant 0)$，结果得如式(4.26)的因果 IIR 维纳滤波器的 Wiener Hopf 方程。

$$\sum_{l=0}^{\infty} h(l) r_x(k-l) = r_{dx}(k), \quad 0 \leqslant k < \infty \tag{4.26}$$

为求解该 Wiener-Hopf 方程，首先来看一个特例，即滤波器的输入 $x(n)$ 是单位方差的白噪声 $\varepsilon(n)$，为了区别，将这时的滤波器系数用 $g(n)$ 来表示

$$\sum_{l=0}^{\infty} g(l) r_{\varepsilon}(k-l) = r_{d\varepsilon}(k), \quad 0 \leqslant k < \infty \tag{4.27}$$

由于 $r_{\varepsilon}(k) = \delta(k)$，上式的左边简化为 $g(k)$，即有 $g(k) = r_{d\varepsilon}(k)(k \geqslant 0)$。已经约束 Wiener 滤波器是因果的，即对 $k<0$，$g(k)=0$，因此当输入是白噪声 $\varepsilon(n)$ 时，因果维纳滤波器为

$$g(n) = r_{d\varepsilon}(n) u(n) \tag{4.28}$$

式(4.28)中，$u(n)$ 是单位阶跃函数。若采用 z 域的表达，则滤波器系统函数应为

$$G(z) = [P_{d\varepsilon}(z)]_+ \tag{4.29}$$

式(4.29)中的下标“+”表示中括号中 z 变换对应序列的正时间轴部分。

输出过程 $\varepsilon(n)$ 的功率谱将是 $P_{\varepsilon}(z) = P_x(z)F(z)F^*(1/z^*) = 1$。因此 $\varepsilon(n)$ 是白噪声，$F(z)$ 就称为白化滤波器。注意，由于 $Q(z)$ 是最小相位的，则 $F(z)$ 是因果、稳定的，且其逆系统 $F^{-1}(z)$ 也是因果、稳定的。这样，将 $\varepsilon(n)$ 再通过逆滤波器 $F^{-1}(z)$ 就复原了 $x(n)$。换句话说，在由 $x(n)$ 产生白噪声过程 $\varepsilon(n)$ 的线性变换中没有信息丢失。

有了这一结果，若滤波器输入 $x(n)$ 的功率谱是有理函数时，就可以导出最优的因果维纳滤波器。设由 $x(n)$ 估计 $d(n)$ 时使均方误差最小的因果维纳滤波器为 $H(z)$，且 $x(n)$ 是通过三个级联的子系统得到结果，即 $F(z)$、$F^{-1}(z)$ 和 $H(z)$，如图 4.3 所示，图中 $F(z)$ 是针对 $x(n)$ 的因果白化滤波器，$F^{-1}(z)$ 是其因果逆系统。$F^{-1}(z)$ 和 $H(z)$ 的级联为 $G(z) = F^{-1}(z)H(z)$。$\hat{d}[n]$ 是由白噪声 $\varepsilon(n)$ 产生 $d(n)$ 的最小均方误差它们组成了因果维纳滤波器(因为 $F^{-1}(z)$ 和 $H(z)$ 都是因果的)。对最优的 $H(z)$，$G(z)$ 也就是最优的，因为若还有一个 $G'(z)$ 使均方误差最小，则就有一个 $H'(z) = F(z)G'(z)$，使得估计的最小均方误差比采用 $H(z)$ 时更小，这是矛盾的。图 4.3 所示为因果 IIR 维纳滤波器的原理图。

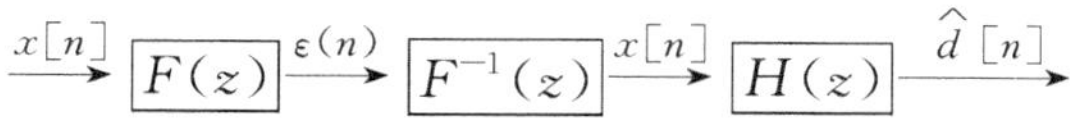

图 4.3　因果 IIR 维纳滤波器原理图

由于 $\varepsilon(n)$ 是白噪声过程，因此由 $\varepsilon(n)$ 估计 $d(n)$ 的因果 IIR 维纳滤波器应由式(4.29)获得，即 $G(z) = [P_{d\varepsilon}(z)]_+$，而 $\varepsilon(n)$ 是 $x(n)$ 通过白化滤波器 $f(n)$ 产生的，因此 $d(n)$ 和

$\varepsilon(n)$ 之间的互相关应为

$$r_{d\varepsilon}(k)=E\{d(n)\varepsilon^*(n-k)\}=E\left\{d(n)\left[\sum_{l=-\infty}^{\infty}f(l)x(n-k-l)\right]^*\right\}$$

$$=\sum_{l=-\infty}^{\infty}f^*(l)r_{dx}(k+l)=\sum_{k=0}^{\infty}b_k^*r_{dy}(i+k) \tag{4.30}$$

相应的互功率谱密度为

$$P_{d_\varepsilon}(z)=P_{dx}(z)F^*(1/z^*)=\frac{P_{dx}(z)}{\sigma_0 Q^*(1/z^*)} \tag{4.31}$$

则由 $\varepsilon(n)$ 估计 $d(n)$ 的因果维纳滤波器

$$G(z)=\frac{1}{\sigma_0}\left[\frac{P_{dx}(z)}{Q^*(1/z^*)}\right]_+ \tag{4.32}$$

而要设计的由 $x(n)$ 估计 $d(n)$ 的因果维纳滤波器应是 $F(z)$ 和 $G(z)$ 的级联,即

$$H(z)=F(z)G(z) \tag{4.33}$$

代入 $F(z)$ 和 $G(z)$ 的表达式,得

$$H(z)=\frac{1}{\sigma_0^2 Q(z)}\left[\frac{P_{dx}(z)}{Q^*(1/z^*)}\right] \tag{4.34}$$

若都是实数过程,$h(n)$ 是实数的,因果维纳滤波器为

$$H(z)=\frac{1}{\sigma_0^2 Q(z)}\left[\frac{P_{dx}(z)}{Q(z^{-1})}\right] \tag{4.35}$$

这时的最小均方误差,应为

$$\xi_{\min}=r_d(0)-\sum_{l=0}^{\infty}h(l)r_{dx}(l) \tag{4.36}$$

注意,因为 $h(l)$ 是因果的,所以当 $l<0$ 时,$h(l)=0$,因此求和限为 $0\leqslant l<\infty$。该误差的频域表达式为

$$\xi_{\min}=\frac{1}{2\pi}\int_{-\pi}^{\pi}[P_d(\mathrm{e}^{\mathrm{j}\omega})-H(\mathrm{e}^{\mathrm{j}\omega})P_{dx}^*(\mathrm{e}^{\mathrm{j}\omega})]\mathrm{d}\omega \tag{4.37}$$

式(4.37)等效的 z 域表达式为

$$\xi_{\min}=\frac{1}{\mathrm{j}2\pi}\oint_C[P_d(z)-H(z)P_{dx}^*(1/z^*)]z^{-1}\mathrm{d}z \tag{4.38}$$

表 4-1 是对因果维纳滤波器的简单总结。

表 4—1　因果维纳滤波总结

函数名称	函数表达式
系统函数	$H(z)=\dfrac{1}{\sigma_0^2 Q(z)}\left[\dfrac{P_{dx}(z)}{Q^*(1/z^*)}\right]_+$
谱函数的分解	$P_x(z)=\sigma_0^2 Q(z)Q^*(1/z^*)$
最小均方误差	$\xi_{\min}=\dfrac{1}{2\pi}\int_{-\pi}^{\pi}[P_d(e^{j\omega})-H(e^{j\omega})Pd_x(e^{j\omega})]d\omega$

对于上述 ARMA 模型的求解，常用的方法有最小二乘法、经典的 Levinson-Durbin 递推算法(L-D 递推算法)以及 Burg 递推等实时算法。这里以 L-D 递推算法为例介绍 ARMA 模型中 AR 模型的递推求解过程。

L-D 递推算法是经典的 AR 模型参数递推估计方法。它是先求低阶矩阵及其相应的参数，然后再以低阶参数递推求得较高一阶参数。求解顺序表示为

$$[\varphi(0)][1]=[\sigma_0^2] \tag{4.39}$$

$$\begin{bmatrix}\varphi(0) & \varphi(1)\\ \varphi(1) & \varphi(0)\end{bmatrix}\begin{bmatrix}1\\ a_{11}\end{bmatrix}=\begin{bmatrix}\sigma_1^2\\ 0\end{bmatrix} \tag{4.40}$$

$$\begin{bmatrix}\varphi(0) & \varphi(1) & \varphi(2)\\ \varphi(1) & \varphi(0) & \varphi(1)\\ \varphi(2) & \varphi(1) & \varphi(0)\end{bmatrix}\begin{bmatrix}1\\ a_{21}\\ a_{22}\end{bmatrix}=\begin{bmatrix}\sigma_2^2\\ 0\\ 0\end{bmatrix} \tag{4.41}$$

依次类推至 3 阶和高阶，每次求解时都可顺序利用前一次计算的结果。例如，由初始条件已知 $[\varphi(0)][1]=[\sigma_0^2]$，即解得 $\sigma_0^2=\varphi(0)$。AR 模型参数估计的 Yule-Walker 方程就可以采用 L-D 递推算法。

第一步，求一阶 AR 参数 a_{11}，式中，a 的下标第一个数字表示阶次，第二个数字表示系数序号，因此 a_{p1} 就是表示 p 阶 AR 模型的第一个参数。对于一阶 AR 模型，可以写成

$$\begin{bmatrix}\varphi(0) & \varphi(1)\\ \varphi(1) & \varphi(0)\end{bmatrix}\begin{bmatrix}1\\ a_{11}\end{bmatrix}=\begin{bmatrix}\sigma_1^2\\ 0\end{bmatrix} \tag{4.42}$$

由该式可求得 $a_{11}=-\dfrac{\varphi(1)}{\varphi(0)}$

$$\sigma_1^2=\varphi(0)+a_{11}\varphi(1)=(1-|a_{11}|^2)\varphi(0)$$

第二步，求二阶 AR 参数 a_{21}，a_{22}。因此有

$$\begin{bmatrix} \varphi(0) & \varphi(1) & \varphi(2) \\ \varphi(1) & \varphi(0) & \varphi(1) \\ \varphi(2) & \varphi(1) & \varphi(0) \end{bmatrix} \begin{bmatrix} 1 \\ a_{21} \\ a_{22} \end{bmatrix} = \begin{bmatrix} \sigma_2^2 \\ 0 \\ 0 \end{bmatrix} \tag{4.43}$$

解式(4.43)可求得

$$a_{22} = \frac{\varphi^2(1) - \varphi(0)\varphi(2)}{\varphi^2(0) - \varphi^2(1)} = -\frac{a_{11}\varphi(1) + \varphi(2)}{\sigma_2^2}$$

$$a_{21} = -\frac{a_{22}\varphi(1) + \varphi(1)}{\varphi(0)} = a_{11} + a_{22}a_{11}$$

$$\sigma_2^2 = (1 - |a_{22}|^2)\sigma_1^2$$

可以看出,第二步求解参数时,可以利用第一步已经求得的结果。以此类推,从而得到利用 $P-1$ 阶参数求解 P 阶的 a_m 参数为

$$a_{pp} = -\left[\sum_{i=1}^{p-1} a_{p-1,1}\varphi(p-k) + \varphi(p)\right] / \sigma_{p-1}^2$$

$$a_{pp} = a_{p-1,+} + a_{pp} \cdot a_{p-1,p-1}$$

$$\sigma_p^2 = (1 - |a_{pp}|^2)\sigma_{p-1}^2 \tag{4.44}$$

综上所述,L-D 递推算法可归纳如下:

假定 AR 模型的阶数 $p=1$ 时,可直接由 Yule-Walker 方程计算得到

$$a_{1,0} = 1,\ a_{1,1} = -\frac{R_X(1)}{R_X(0)},\ \sigma_1^2 = R_X(0) + a_{1,1}R_X$$

然后,利用以下递推公式计算 $k=2, 3, \cdots, p$ 的 $a_{p,k}$, $k=1, 2, \cdots, p$ 与 $\sigma_p^2(a_{p,0} \equiv 1)$

$$a_{p,k} = a_{p-1,k} + K_p a_{p-1,p-k}^*$$

$$\sigma_p^2 = \sigma_{p-1}^2[1 - |K_p|^2]$$

$$K_p = a_{p,p} = \frac{-\Delta_p}{\sigma_{p-1}^2}$$

$$\Delta_p = R_X(p) + \sum_{k=1}^{p-1} a_{p-1,k}R_X(p-k)$$

设 $\hat{R}_X(0)=2.72$, $\hat{R}_X(1)=2.176$, $\hat{R}_X(2)=1.605$。估计 2 阶 AR 模型的自回归系数 a_{21}, a_{22}。若采用矩阵代数算法,则有

$$\begin{bmatrix} R_X(0) & R_X(-1) \\ R_X(1) & R_X(0) \end{bmatrix} \begin{bmatrix} -a_1 \\ -a_2 \end{bmatrix} = \begin{bmatrix} R_X(1) \\ R_X(2) \end{bmatrix}$$

因此

$$\begin{bmatrix}-a_1\\-a_2\end{bmatrix}=\begin{bmatrix}R_X(0) & R_X(-1)\\R_X(1) & R_X(0)\end{bmatrix}^{-1}\begin{bmatrix}R_X(1)\\R_X(2)\end{bmatrix}=\frac{\begin{bmatrix}R_X(0) & -R_X(1)\\-R_X(-1) & R_X(0)\end{bmatrix}}{R_X^2(0)-R_X^2(1)}\begin{bmatrix}R_X(1)\\R_X(2)\end{bmatrix}$$

$$a_1=-\frac{R_X(1)[R_X(0)-R_X(2)]}{R_X^2(0)-R_X^2(1)}=-\frac{2.176[2.72-1.605]}{2.72^2-2.176^2}=-0.911$$

$$a_2=-\frac{R_X^2(1)-R_X(0)R_X(2)}{R_X^2(0)-R_X^2(1)}=-\frac{2.176^2-2.72\times 1.605}{2.633}=0.138$$

若用 L-D 递推算法有

$$a_{1,0}=1,\ a_{1,1}=-\frac{2.176}{2.72}=-0.8,\ \sigma_1^2=2.72-\frac{2.176}{2.72}\times 2.176=0.9792$$

$$a_{2,1}=a_{1,1}+k_2 a_{1,1}^{*}=-0.8-0.14\times 0.8=-0.912,$$

$$k_2=-\frac{\Delta p}{\sigma_{p-1}^2}=-\frac{R_X(2)+a_{1,1}R_X(1)}{\sigma_1^2}=0.14$$

表 4-2 对三种模型的常用方法进行了简单比较。

表 4-2　三种模型的常用方法比较

方法	运算量	准确性	保证 $\hat{\phi}(\omega)\geqslant 0$	频谱特点
AR：基于 Yule-Walker 方程的最小二乘方法	低	中等	是	只有(窄)峰，没有波谷的频谱
MA：加权傅里叶变换	低	中等偏下	否	可能有波谷，但没有波峰的宽频谱
ARMA：最小二乘方法与加权傅里叶变换	中等偏下	中等偏下	否	同时具有波峰和波谷(不太深)的频谱

4.2　最小二乘算法

4.2.1　基本最小二乘

设待求参数 $\boldsymbol{x}_{LS}$ 的模型为

$$\boldsymbol{A}\boldsymbol{x}_{LS}=\boldsymbol{b}+\boldsymbol{e}_{LS} \tag{4.45}$$

可以看出，$\boldsymbol{x}_{LS}$ 被 $\boldsymbol{b}$ 扰动，并存在一个解。令误差的二范数最小，于是有

$$
\begin{aligned}
\boldsymbol{e}^H\boldsymbol{e} &= (\mathbf{A}\boldsymbol{x}-\boldsymbol{b})^H(\mathbf{A}\boldsymbol{x}-\boldsymbol{b}) \\
&= \boldsymbol{x}^H\mathbf{A}^H\mathbf{A}\boldsymbol{x}-\boldsymbol{x}^H\mathbf{A}^H\boldsymbol{b}-\boldsymbol{b}^H\mathbf{A}\boldsymbol{x}+\boldsymbol{b}^H\boldsymbol{b} \\
&= [\boldsymbol{x}-(\mathbf{A}^H\mathbf{A})^{-1}\mathbf{A}^H\boldsymbol{b}]^H(\mathbf{A}^H\mathbf{A})[x-(\mathbf{A}^H\mathbf{A})^{-1}\mathbf{A}^H\boldsymbol{b}] \\
&\quad + [\boldsymbol{b}^H\boldsymbol{b}-\boldsymbol{b}^H\mathbf{A}(\mathbf{A}^H\mathbf{A})^{-1}\mathbf{A}^H\boldsymbol{b}]
\end{aligned} \tag{4.46}
$$

式(4.46)第二项与 $\boldsymbol{x}$ 无关。则当 $\boldsymbol{x}=(\mathbf{A}^H\mathbf{A})^{-1}\mathbf{A}^H\boldsymbol{b}$ 时，$\boldsymbol{e}^H\boldsymbol{e}$ 取得最小值。

最小二乘可应用于不可分离参量模型中。例如估计 $s(n)=A\cos(2\pi f_0 n+\phi)$ 中的 ϕ。但是当 $s(n)$ 中的参数不好直接分离时，也可以采用泰勒展开形式，将其分解为可以用最小二乘的形式。设 $s(n;\theta)$ 中 θ 难以直接从 $s(n;\theta)$ 中分离出来，于是将最小二乘误差表示为

$$
\boldsymbol{s}(n;\theta)\approx\boldsymbol{s}(n;\theta_0)+\left.\frac{\partial \boldsymbol{s}(n;\theta)}{\partial\theta}\right|_{\theta=\theta_0}(\theta-\theta_0) \tag{4.47}
$$

将(4.47)代入下式

$$
\boldsymbol{J}=\sum_{n=0}^{N-1}[\boldsymbol{x}(n)-\boldsymbol{s}(n;\theta)]^2\approx\sum_{n=0}^{N-1}\left[\boldsymbol{x}(n)-\boldsymbol{s}(n,\theta_0)+\left.\frac{\partial \boldsymbol{s}(n;\theta)}{\partial\theta}\right|_{\theta=\theta_0}(\theta-\theta_0)\right]^2 \tag{4.48}
$$

令 $\boldsymbol{H}(\theta_0)=\left.\frac{\partial \boldsymbol{s}(n;\theta)}{\partial\theta}\right|_{\theta=\theta_0}$，式(4.48)可以写成

$$
\boldsymbol{J}=[\boldsymbol{x}-\boldsymbol{s}(\theta_0)+\boldsymbol{H}(\theta_0)\theta_0-\boldsymbol{H}(\theta_0)\theta]^{\mathrm{T}}[\boldsymbol{x}-\boldsymbol{s}(\theta_0)+\boldsymbol{H}(\theta_0)\theta_0-\boldsymbol{H}(\theta_0)\theta] \tag{4.49}
$$

定义 $\boldsymbol{b}\triangleq\boldsymbol{x}-\boldsymbol{s}(\theta_0)+\boldsymbol{H}(\theta_0)\theta_0$，对 $\boldsymbol{J}$ 求偏导可得

$$
\frac{\partial\boldsymbol{J}}{\partial\theta}=\frac{\partial}{\partial\theta}\{[\boldsymbol{b}-\boldsymbol{H}(\theta_0)\theta^T][\boldsymbol{b}-\boldsymbol{H}(\theta_0)\theta]\} \tag{4.50}
$$

令偏导为零求极值，可以得到

$$
\boldsymbol{b}=\boldsymbol{H}(\theta_0)\theta\Rightarrow\boldsymbol{H}^{\mathrm{T}}(\theta_0)\boldsymbol{b}=\boldsymbol{H}^{\mathrm{T}}(\theta_0)\boldsymbol{H}(\theta_0)\theta\Rightarrow\hat{\theta}=[\boldsymbol{H}^{\mathrm{T}}(\theta_0)\boldsymbol{H}(\theta_0)]^{-1}\boldsymbol{H}^{\mathrm{T}}(\theta_0)\boldsymbol{b} \tag{4.51}
$$

因为 $\boldsymbol{b}=\boldsymbol{x}-\boldsymbol{s}(\theta_0)+\boldsymbol{H}(\theta_0)\theta_0$ 是已知的，可以得出最小二乘估计为

$$
\begin{aligned}
\hat{\boldsymbol{\theta}} &= [\boldsymbol{H}^{\mathrm{T}}(\theta_0)\boldsymbol{H}(\theta_0)]^{-1}\boldsymbol{H}^{\mathrm{T}}(\theta_0)[\boldsymbol{x}-\boldsymbol{s}(\theta_0)+\boldsymbol{H}(\theta_0)\theta_0] \\
&= [\boldsymbol{H}^{\mathrm{T}}(\theta_0)\boldsymbol{H}(\theta_0)]^{-1}\boldsymbol{H}^{\mathrm{T}}(\theta_0)[\boldsymbol{x}-\boldsymbol{s}(\theta_0)] \\
&\quad + [\boldsymbol{H}^{\mathrm{T}}(\theta_0)\boldsymbol{H}(\theta_0)]^{-1}\boldsymbol{H}^{\mathrm{T}}(\theta_0)\boldsymbol{H}(\theta_0)\theta_0 \\
&= \theta_0+[\boldsymbol{H}^{\mathrm{T}}(\theta_0)\boldsymbol{H}(\theta_0)]^{-1}\boldsymbol{H}^{\mathrm{T}}(\theta_0)[\boldsymbol{x}-\boldsymbol{s}(\theta_0)]
\end{aligned} \tag{4.52}
$$

4.2.2 总体最小二乘

设 $(\boldsymbol{A}+\boldsymbol{E})\boldsymbol{x}=\boldsymbol{b}+\boldsymbol{e}$，式中，$\boldsymbol{E}$ 和 $\boldsymbol{e}$ 都设为高斯白噪声，则 $(\boldsymbol{A}+\boldsymbol{E})\boldsymbol{x}=\boldsymbol{b}+\boldsymbol{e}$ 可以写为（$[-\boldsymbol{b},\boldsymbol{A}]\,[-\boldsymbol{e},\boldsymbol{E}]$）$\begin{bmatrix}1\\x\end{bmatrix}=0$，又等价为 $(\boldsymbol{B}+\boldsymbol{D})\boldsymbol{Z}=0$，该式的约束最优化问题是 $\min\|\boldsymbol{D}\|_F^2$。式中，$\|\boldsymbol{D}\|_F$ 是矩阵 $\boldsymbol{D}$ 的 Frobenius 范数，表示为

$$\|\boldsymbol{D}\|_F=\left(\sum_{i=1}^{m}\sum_{j=1}^{n}d_{ij}^2\right)^{1/2}=\mathrm{tr}(\boldsymbol{D}^H\boldsymbol{D}) \tag{4.53}$$

$$\min\|\boldsymbol{Bz}\|_2^2=\min\|\boldsymbol{r}\|_2^2 \tag{4.54}$$

约束条件为 $\boldsymbol{z}^H\boldsymbol{z}=1$，式(4.54)中，$\boldsymbol{r}$ 为矩阵方程 $\boldsymbol{Bz}=0$ 总体最小二乘解 $\boldsymbol{z}$ 的误差向量。总体最小二乘解 $\boldsymbol{z}$ 是使得误差平方和 $\|\boldsymbol{r}\|_2^2$ 为最小的解。上述带约束的最小二乘问题可以用 Lagrange 乘数法求解。定义目标函数为

$$\boldsymbol{J}=\|\boldsymbol{Bz}\|_2^2+\lambda(1-\boldsymbol{z}^H\boldsymbol{z}) \tag{4.55}$$

式(4.55)中，λ 为 Lagrange 乘数。注意到 $\|\boldsymbol{Bz}\|_2^2=\boldsymbol{z}^H\boldsymbol{B}^H\boldsymbol{Bz}$，故由 $\dfrac{\partial\boldsymbol{J}}{\partial z^*}=0$，得到

$$\boldsymbol{B}^H\boldsymbol{Bz}=\lambda\boldsymbol{z} \tag{4.56}$$

这表明，Lagrange 乘数应该选择为矩阵 $\boldsymbol{B}^H\boldsymbol{B}$ 的最小特征值(即 $\boldsymbol{B}$ 的最小奇异值的平方根)，总体最小二乘解 $\boldsymbol{z}$ 是与最小奇异值 $\sqrt{\lambda}$ 对应的右奇异向量。令 $m\times(n+1)$ 增广矩阵 $\boldsymbol{B}$ 的奇异值分解为

$$\boldsymbol{J}=\|\boldsymbol{Bz}\|_2^2+\lambda(1-\boldsymbol{z}^H\boldsymbol{z}) \tag{4.57}$$

并且其奇异值按照顺序 $\sigma_1\geqslant\sigma_2\geqslant\cdots\geqslant\sigma_{n+1}$ 排列，与这些奇异值对应的奇异向量为 $\boldsymbol{v}_1$，$\boldsymbol{v}_2$，…，$\boldsymbol{v}_{n+1}$。根据上面的分析，总体最小二乘解为 $\boldsymbol{z}=\boldsymbol{v}_{n+1}$。也就是说，原矩阵方程 $\boldsymbol{Ax}=\boldsymbol{b}$ 的总体最小二乘解由下式给出

$$\boldsymbol{x}_{TLS}=\frac{1}{v(1,\,n+1)}\begin{bmatrix}v(2,n+1)\\ \vdots\\ v(n+1,\,n+1)\end{bmatrix} \tag{4.58}$$

式(4.58)中，$v(i,\,n+1)$ 是 V 的第 $n+1$ 列的第 i 行元素。

最小二乘与总体最小二乘可应用于可分离参量模型中。例如，估计 $s(n)=A\cos(2\pi f_0n+\phi)$ 的 ϕ，先将 $s(n)$ 重写为 $s(n)=A\cos(\phi)\cos(2\pi f_0n)-A\sin(\phi)\sin(2\pi f_0n)$，令 $a_1=A\cos(\phi)$，$a_2=A\sin(\phi)$，$\boldsymbol{H}=[\cos(2\pi f_0n)\quad\sin(2\pi f_0n)]$，$\boldsymbol{a}=[a_1\quad a_2]$，于是有 $\boldsymbol{s}=\boldsymbol{Ha}$，$\boldsymbol{a}=(\boldsymbol{H}^{\mathrm{T}}\boldsymbol{H})^{-1}\boldsymbol{H}^{\mathrm{T}}\boldsymbol{s}$，$\phi=a\tan(a_2/a_1)$。除了上述基本最小二

乘法以外，还有约束最小二乘、加权最小二乘、加权迭代最小二乘等算法，以适应多通道数据的不一致性。

4.2.3 约束最小二乘

对于受限的未知参数的最小二乘问题，例如在估计多个信号幅度时，若已知其中部分幅度相等，可以利用这种先验知识来减少待估计参数的总数，从而优化模型的求解过程。

假设参数 $\boldsymbol{\theta}=\{\theta_1, \theta_2, \cdots, \theta_i\}$ 受到 $r<p$ 个线性约束。约束条件必须是相互独立的，排除 $\theta_1+\theta_2=0$ 和 $2\theta_1+2\theta_2=0$ 这样的冗余条件（θ_i 是 $\boldsymbol{\theta}$ 的第 i 个元素），则可归纳约束为

$$\boldsymbol{A\theta}=\boldsymbol{b} \tag{4.59}$$

式(4.59)中，已知 $\boldsymbol{A}$ 是一个 $r\times p$ 矩阵，而且已知 $\boldsymbol{b}$ 是一个 $r\times 1$ 矢量。举例来说，如果 $p=2$ 而且已知一个参数是另一个参数的负数，于是约束可表示为 $\theta_1+\theta_2=0$。于是有 $\boldsymbol{A}=[1 \quad 1]$ 和 $\boldsymbol{b}=0$，矩阵 $\boldsymbol{A}$ 总是假设为满秩的。

为了求出线性约束的 LSE，令

$$\boldsymbol{J}_c=(\boldsymbol{x}-\boldsymbol{H\theta})^{\mathrm{T}}(\boldsymbol{x}-\boldsymbol{H\theta})+\boldsymbol{\lambda}^{\mathrm{T}}(\boldsymbol{A\theta}-\boldsymbol{b}) \tag{4.60}$$

式(4.60)中，$\boldsymbol{\lambda}$ 是拉格朗日乘因子的 $r\times 1$ 矢量，得

$$\boldsymbol{J}_c=\boldsymbol{x}^{\mathrm{T}}\boldsymbol{x}-2\boldsymbol{\theta}^{\mathrm{T}}\boldsymbol{H}^{\mathrm{T}}\boldsymbol{x}+\boldsymbol{\theta}^{\mathrm{T}}\boldsymbol{H}^{\mathrm{T}}\boldsymbol{H\theta}+\boldsymbol{\lambda}^{\mathrm{T}}\boldsymbol{A\theta}-\boldsymbol{\lambda}^{\mathrm{T}}\boldsymbol{b} \tag{4.61}$$

取关于 $\boldsymbol{\theta}$ 的梯度得到

$$\frac{\partial \boldsymbol{J}_c}{\partial \boldsymbol{\theta}}=-2\boldsymbol{H}^{\mathrm{T}}\boldsymbol{x}+2\boldsymbol{H}^{\mathrm{T}}\boldsymbol{H\theta}+\boldsymbol{A}^{\mathrm{T}}\boldsymbol{\lambda} \tag{4.62}$$

令式(4.62)等于零，得

$$\begin{aligned}\hat{\boldsymbol{\theta}}_c&=(\boldsymbol{H}^{\mathrm{T}}\boldsymbol{H})^{-1}\boldsymbol{H}^{\mathrm{T}}\boldsymbol{x}-\frac{1}{2}(\boldsymbol{H}^{\mathrm{T}}\boldsymbol{H})^{-1}\boldsymbol{A}^{\mathrm{T}}\boldsymbol{\lambda}\\&=\hat{\boldsymbol{\theta}}-(\boldsymbol{H}^{\mathrm{T}}\boldsymbol{H})^{-1}\boldsymbol{A}^{\mathrm{T}}\frac{\boldsymbol{\lambda}}{2}\end{aligned} \tag{4.63}$$

式(4.63)中，$\hat{\boldsymbol{\theta}}$ 是无约束 LSE，$\boldsymbol{\lambda}$ 也可求出。为了求 $\boldsymbol{\lambda}$，利用(4.37)式的约束条件，于是

$$\boldsymbol{A\theta}_c=\boldsymbol{A}\hat{\boldsymbol{\theta}}-\boldsymbol{A}(\boldsymbol{H}^{\mathrm{T}}\boldsymbol{H})^{-1}\boldsymbol{A}^{\mathrm{T}}\frac{\boldsymbol{\lambda}}{2}=\boldsymbol{b} \tag{4.64}$$

因此

$$\frac{\lambda}{2}=[\boldsymbol{A}(\boldsymbol{H}^{\mathrm{T}}\boldsymbol{H})^{-1}\boldsymbol{A}^{\mathrm{T}}]^{-1}(\boldsymbol{A}\hat{\boldsymbol{\theta}}-\boldsymbol{b}) \tag{4.65}$$

代入(4.63)式，得解为

$$\hat{\boldsymbol{\theta}}_c = \hat{\boldsymbol{\theta}} - (\boldsymbol{H}^{\mathrm{T}}\boldsymbol{H})^{-1}\boldsymbol{A}^{\mathrm{T}}[\boldsymbol{A}(\boldsymbol{H}^{\mathrm{T}}\boldsymbol{H})^{-1}\boldsymbol{A}^{\mathrm{T}}]^{-1}(\boldsymbol{A}\hat{\boldsymbol{\theta}} - \boldsymbol{b}) \tag{4.66}$$

4.2.4 加权最小二乘

线性 LS 问题的一种扩展形式是加权 LS。

$$\boldsymbol{J}(\boldsymbol{\theta}) = (\boldsymbol{x} - \boldsymbol{H\theta})^{\mathrm{T}}\boldsymbol{W}(\boldsymbol{x} - \boldsymbol{H\theta}) \tag{4.67}$$

例如，如果 $\boldsymbol{W}$ 是对角矩阵，对角元素为 $[\boldsymbol{W}]_{ii} = w_i > 0$，那么 LS 误差为

$$\boldsymbol{J}(\theta) = \sum_{n=0}^{N-1} \boldsymbol{w}_n[\boldsymbol{x}(n) - \boldsymbol{\theta}]^2 \tag{4.68}$$

引入加权因子到误差指标中，是为了强调那些被认为更可靠的数据样本对结果的贡献。通过这种方式，得出的估计量可以更准确地反映整体数据的特征，这样得出的估计量为

$$\hat{\boldsymbol{\theta}} = \frac{\sum_{n=0}^{N-1} \dfrac{\boldsymbol{x}(n)}{\sigma_n^2}}{\sum_{n=0}^{N-1} \dfrac{1}{\sigma_n^2}} \tag{4.69}$$

因为 $\boldsymbol{W} = \boldsymbol{C}^{-1}$，则加权 LSE 的一般形式是

$$\hat{\boldsymbol{\theta}} = (\boldsymbol{H}^{\mathrm{T}}\boldsymbol{W}\boldsymbol{H})^{-1}\boldsymbol{H}^{\mathrm{T}}\boldsymbol{W}\boldsymbol{x} \tag{4.70}$$

它的最小 LS 误差为

$$\boldsymbol{J}_{\min} = \boldsymbol{x}^{\mathrm{T}}(\boldsymbol{W} - \boldsymbol{W}\boldsymbol{H}(\boldsymbol{H}^{\mathrm{T}}\boldsymbol{W}\boldsymbol{H})^{-1}\boldsymbol{H}^{\mathrm{T}}\boldsymbol{W})\boldsymbol{x} \tag{4.71}$$

4.2.5 加权迭代最小二乘

在许多信号处理的应用问题中，接收的数据是通过对连续时间信号波形进行采样而得到的。随着时间进展，数据源不断地被采样，可供使用的数据就越来越多。可以等到所有的可供使用的数据全部采样到时再进行处理，也可以按照时间顺序进行数据处理。

$$\hat{\boldsymbol{A}}(N-1) = \frac{1}{N}\sum_{n=0}^{N-1} \boldsymbol{x}(n) \tag{4.72}$$

式(4.72)中，$\hat{\boldsymbol{A}}$ 的自变量表示观测到的最新数据点的序号。如果现在观测到新的数据样本 $\boldsymbol{x}(N)$，那么 LSE 变为

$$\hat{\boldsymbol{A}}(N) = \frac{1}{N+1}\sum_{n=0}^{N-1} \boldsymbol{x}(n) \tag{4.73}$$

在计算这个新的估计量时，不必重新计算观测的和，因为

$$\hat{\boldsymbol{A}}(N)=\frac{1}{N+1}\left[\sum_{n=0}^{N-1}\boldsymbol{x}(n)+\boldsymbol{x}(N)\right]=\frac{N}{N+1}\hat{\boldsymbol{A}}(N-1)+\frac{1}{N+1}\boldsymbol{x}(N) \tag{4.74}$$

通过利用前面计算的 LSE 和新的观测，可以求出新的 LSE。重新整理(4.74)式，有

$$\hat{\boldsymbol{A}}(N)=\hat{\boldsymbol{A}}(N-1)+\frac{1}{N+1}[\boldsymbol{x}(N)-\hat{\boldsymbol{A}}(N-1)] \tag{4.75}$$

现在的估计等于之前的估计加上一个修正项，修正项随着 N 增大而下降。根据 $N-1$ 时刻的数据样本，误差为

$$J_{\min}(N-1)=\sum_{n=0}^{N-1}[\boldsymbol{x}(n)-\hat{\boldsymbol{A}}(N-1)]^2 \tag{4.76}$$

并利用(4.75)式，得

$$\begin{aligned}\boldsymbol{J}_{\min}(N)&=\sum_{n=0}^{N}[\boldsymbol{x}(n)-\hat{\boldsymbol{A}}(N)]^2\\&=\sum_{n=0}^{N-1}\left[\boldsymbol{x}(n)-\hat{\boldsymbol{A}}(N-1)-\frac{1}{N+1}[\boldsymbol{x}(N)-\hat{\boldsymbol{A}}(N-1)]\right]^2+[\boldsymbol{x}(N)-\hat{\boldsymbol{A}}(N)]^2\\&=\boldsymbol{J}_{\min}(N-1)-\frac{2}{N+1}\sum_{n=0}^{N-1}[\boldsymbol{x}(n)-\hat{\boldsymbol{A}}(N-1)][\boldsymbol{x}(N)-\hat{\boldsymbol{A}}(N-1)]\\&\quad+\frac{N}{(N+1)^2}[\boldsymbol{x}(N)-\hat{\boldsymbol{A}}(N-1)]^2+[\boldsymbol{x}(N)-\hat{\boldsymbol{A}}(N)]^2\end{aligned} \tag{4.77}$$

注意式(4.77)中，$\frac{2}{N+1}\sum_{n=0}^{N-1}[\boldsymbol{x}(n)-\hat{\boldsymbol{A}}(N-1)][\boldsymbol{x}(N)-\hat{\boldsymbol{A}}(N-1)]$ 为零，简化后可得

$$\boldsymbol{J}_{\min}(N)=\boldsymbol{J}_{\min}(N-1)+\frac{N}{N+1}(\boldsymbol{x}(N)-\hat{\boldsymbol{A}}(N-1)]^2 \tag{4.78}$$

随着每个新数据点的加入，平方误差项的数目也随之增加。因此，对于同样数目的参数需要拟合更多的点。如果加权矩阵 $\boldsymbol{W}$ 是对角矩阵，$(\boldsymbol{W})_{ii}=1/\sigma_i^2$，那么根据式(4.69)，加权的 LSE 为

$$\hat{\boldsymbol{A}}(N-1)=\frac{\sum_{n=0}^{N-1}\frac{\boldsymbol{x}(n)}{\sigma_n^2}}{\sum_{n=0}^{N-1}\frac{1}{\sigma_n^2}} \tag{4.79}$$

求解其序贯形式，可将式(4.79)改写成

$$\hat{\boldsymbol{A}}(N)=\frac{\sum_{n=0}^{N}\frac{\boldsymbol{x}(n)}{\sigma_n^2}}{\sum_{n=0}^{N}\frac{1}{\sigma_n^2}}=\frac{\sum_{n=0}^{N}\frac{\boldsymbol{x}(n)}{\sigma_n^2}+\frac{\boldsymbol{x}(N)}{\sigma_N^2}}{\sum_{n=0}^{N}\frac{1}{\sigma_n^2}} \tag{4.80}$$

将式(4.80)改写成具有 $\boldsymbol{A}(N-1)$ 的通项

$$\hat{\boldsymbol{A}}(N)=\frac{\sum_{n=0}^{N-1}\frac{1}{\sigma_n^2}\cdot\left[\frac{\sum_{n=0}^{N-1}\frac{\boldsymbol{x}(n)}{\sigma_n^2}}{\sum_{n=0}^{N-1}\frac{1}{\sigma_n^2}}\right]+\frac{\boldsymbol{x}(N)}{\sigma_N^2}}{\sum_{n=0}^{N}\frac{1}{\sigma_n^2}}=\frac{\left(\sum_{n=0}^{N-1}\frac{1}{\sigma_n^2}\right)\cdot A(N-1)+\frac{\boldsymbol{x}(N)}{\sigma_N^2}}{\sum_{n=0}^{N}\frac{1}{\sigma_n^2}} \tag{4.81}$$

对式(4.81)进行进一步处理可以得到

$$\begin{aligned}\boldsymbol{A}(N)&=\frac{\left(\sum_{n=0}^{N-1}\frac{1}{\sigma_n^2}\right)\cdot\boldsymbol{A}(N-1)+\frac{1}{\sigma_N^2}\boldsymbol{A}(N-1)-\frac{1}{\sigma_N^2}\boldsymbol{A}(N-1)+\frac{\boldsymbol{x}(N)}{\sigma_N^2}}{\sum_{n=0}^{N}\frac{1}{\sigma_n^2}}\\&=\boldsymbol{A}(N-1)-\frac{\frac{1}{\sigma_N^2}\boldsymbol{A}(N-1)}{\sum_{n=0}^{N}\frac{1}{\sigma_n^2}}+\frac{\frac{\boldsymbol{x}(N)}{\sigma_N^2}}{\sum_{n=0}^{N}\frac{1}{\sigma_n^2}}\end{aligned} \tag{4.82}$$

最终有

$$\hat{\boldsymbol{A}}(N)=\hat{\boldsymbol{A}}(N-1)+\frac{\frac{1}{\sigma_N^2}}{\sum_{n=0}^{N}\frac{1}{\sigma_n^2}}[\boldsymbol{x}(N)-\hat{\boldsymbol{A}}(N-1)] \tag{4.83}$$

因此

$$\operatorname{var}[\hat{\boldsymbol{A}}(N-1)]=\frac{1}{\sum_{n=0}^{N-1}\frac{1}{\sigma_n^2}} \tag{4.84}$$

第 N 次修正量的增益因子为

$$\boldsymbol{K}(N)=\frac{\frac{1}{\sigma_N^2}}{\sum_{n=0}^{N}\frac{1}{\sigma_n^2}}=\frac{\frac{1}{\sigma_N^2}}{\frac{1}{\sigma_N^2}+\frac{1}{\operatorname{var}[\hat{\boldsymbol{A}}(N-1)]}}=\frac{\operatorname{var}[\hat{\boldsymbol{A}}(N-1)]}{\operatorname{var}[\hat{\boldsymbol{A}}(N-1)]+\sigma_N^2} \tag{4.85}$$

因为 $0 \leqslant \boldsymbol{K}(N) \leqslant 1$，如果 $\boldsymbol{K}(N)$ 很大，即 $\mathrm{var}[\hat{\boldsymbol{A}}(N-1)]$，则修正量很大。估计量的方差很小，那么修正量也很小。为了递推确定增益，可以推导进一步的表达式，因为 $\boldsymbol{K}(N)$ 取决于 $\mathrm{var}[\hat{\boldsymbol{A}}(N-1)]$，可将后者表示为

$$\begin{aligned}\mathrm{var}[\hat{\boldsymbol{A}}(N)] &= \frac{1}{\sum\limits_{n=0}^{N} \frac{1}{\sigma_n^2}} = \frac{1}{\sum\limits_{n=0}^{N-1} \frac{1}{\sigma_n^2} + \frac{1}{\sigma_N^2}} = \frac{1}{\frac{1}{\mathrm{var}[\hat{\boldsymbol{A}}(N-1)]} + \frac{1}{\sigma_N^2}} \\ &= \frac{\mathrm{var}[\hat{\boldsymbol{A}}(N-1)]\sigma_N^2}{\mathrm{var}[\hat{\boldsymbol{A}}(N-1)] + \sigma_N^2} \\ &= \left\{1 - \frac{\mathrm{var}[\hat{\boldsymbol{A}}(N-1)]}{\mathrm{var}[\hat{\boldsymbol{A}}(N-1)] + \sigma_N^2}\right\} \mathrm{var}[\hat{\boldsymbol{A}}(N-1)] \end{aligned} \tag{4.86}$$

或者最终有

$$\mathrm{var}[\hat{\boldsymbol{A}}(N)] = [1 - \boldsymbol{K}(N)]\,\mathrm{var}[\hat{\boldsymbol{A}}(N-1)] \tag{4.87}$$

为了递推求出 $\boldsymbol{K}(N)$，利用式(4.85)和式(4.87)。在递推地求解增益的过程中，LSE 的方差也可以递推求得。归纳结论，估计量更新

$$\hat{\boldsymbol{A}}(N) = \hat{\boldsymbol{A}}(N-1) + \boldsymbol{K}(N)[x(N) - \hat{\boldsymbol{A}}(N-1)] \tag{4.88}$$

式(4.88)中

$$\boldsymbol{K}(N) = \frac{\mathrm{var}[\hat{\boldsymbol{A}}(N-1)]}{\mathrm{var}[\hat{\boldsymbol{A}}(N-1)] + \sigma_N^2} \tag{4.89}$$

方差更新

$$\mathrm{var}[\hat{\boldsymbol{A}}(N)] = [1 - \boldsymbol{K}(N)]\mathrm{var}[\hat{\boldsymbol{A}}(N-1)] \tag{4.90}$$

利用

$$\hat{\boldsymbol{A}}(0) = \boldsymbol{x}(0)$$
$$\mathrm{var}[\hat{\boldsymbol{A}}(0)] = \sigma_0^2$$

开始递推，利用(4.89)式可求得 $\boldsymbol{K}(1)$，同时利用(4.88)式可求得 $\hat{\boldsymbol{A}}(1)$。按这种方式继续递推，便可以求出 $\boldsymbol{K}(2)$、$\hat{\boldsymbol{A}}(2)$ 和 $\mathrm{var}[\hat{\boldsymbol{A}}(2)]$ 等。

4.3 普罗尼算法(PRONY 算法)

PRONY 算法的特点是它直接采用原始观测数据进行参数估计，而不是采用自相关矩阵。这一方面要求 PRONY 算法仅适用于高信噪比条件，但另一方面使得模型中的初始相位与幅度衰减因子的估计成为可能。

令 $x_k(n)=\alpha_k e^{j(\omega_k n+\phi_k)}$

$$
\begin{aligned}
(1-e^{j\omega_k}z^{-1})x_k(n) &= x_k(n)-e^{j\omega_k}x_k(n-1)\\
&=\alpha_k e^{j(\omega_k n+\phi_k)}-e^{j\omega_k}\alpha_k e^{j[\omega_k(n-1)+\phi_k]}=0 \quad (4.91)
\end{aligned}
$$

$\Rightarrow[1-e^{j\omega_k}z^{-1}]$ 是 $x_k(n)$ 的滤波器。

令

$$
\begin{gathered}
A(z)x(n)=0\\
y(n)=x(n)+w(n)\\
\Rightarrow A(z)y(n)=A(z)w(n) \quad (4.92)
\end{gathered}
$$

对于 $x_k(n)$，假设其对应有 $z=e^{j\omega_k}$，则 $(1-e^{j\omega_k}e^{-j\omega_k})=0$，称为未混叠滤波器。当 $z=e^{j\omega_l}$ 和 $(1-e^{j\omega_k}e^{-j\omega_l})\neq 0$，$k\neq l$ 时，若信号为 $x(n)=\sum\limits_k x_k(n)$，则

$$
A(z)x(n)=\sum_k\prod_{l=1}^{K}(1-e^{j\omega_k}e^{-j\omega_l})x_k(n)=\sum_k\prod_{l=1}^{K}(1-e^{j\omega_k}z^{-1})x_k(n)=0 \quad (4.93)
$$

PRONY 扩展谐波分解法对于复数序列 $\{x(n)\}$ 采用的估计模型为

$$
\bar{x}(n)=\sum_{k=1}^{p}B_k\exp(j2\pi f_k n\Delta t)\cdot\exp\alpha_k n\Delta t \quad (4.94)
$$

当 p 已确定后，可采用最小二乘准则，使 $\sum\limits_{n=0}^{N-1}[x(n)-\bar{x}(n)]^2$ 为最小，去估计 A_m，φ_m，α_m $(m=1,\cdots,p)$；这将涉及非线性最小二乘最优问题。

为了表述的简洁起见，首先令(4.94)式中的 $\exp(j2\pi f_k n\Delta t)\cdot\exp\alpha_k\Delta t=z_k$ 则有

$$
\bar{x}(n)=\sum_{k=1}^{p}B_k z_k^n \quad (4.95)
$$

由式(4.95)，可得

$$
\hat{x}(n-m)=\sum_{k=1}^{n}B_k z_k^{n-m} \quad (4.96)
$$

用 a_m 左乘(4.96)再求和可得

$$
\begin{aligned}
\sum_{m=0}^{p}a_m\bar{x}(n-m) &= \sum_{k=1}^{p}B_k\sum_{m=0}^{p}a_m z_k^{n-m} \quad (0\leqslant n-m\leqslant N-1,\ N\text{ 为样本长度})\\
&=\sum_{k=1}^{p}B_k z_k^{n-p}\sum_{m=0}^{p}a_m z_k^{p-m} \quad (4.97)
\end{aligned}
$$

令 $a_0\equiv 1$

$$A(z)=\sum_{i=0}^{p}a_i z^{p-i}=\prod_{k=1}^{p}(z-z_k) \tag{4.98}$$

由(4.98)式，显见

$$A(z=z_i)=\sum_{i=0}^{p}a_i z_k^{p-i}\equiv 0 \tag{4.99}$$

将(4.99)代入(4.97)，可得

$$\sum_{m=0}^{p}a_m\hat{x}(n-m)=\sum_{k=1}^{p}B_k z_k^{n-p}\sum_{m=0}^{p}a_m z_k^{p-m}=0$$

因此

$$\hat{x}(n)=-\sum_{m=1}^{p}a_m\hat{x}(n-m),\quad p\leqslant n\leqslant N-1 \tag{4.100}$$

特别注意，当衰减因子 $a_m\equiv 0\ (m=1,2,\cdots,p)$，PRONY 扩展谐波分解法即为一般的 Pisarenko 谐波分解法。

令 $x(n)-\hat{x}(n)=e(n)$，则

$$\begin{aligned}x(n)&=\hat{x}(n)+e(n)\quad (\text{利用(4.93)式})\\&=-\sum_{m=1}^{p}a_m\hat{x}(n-m)+e(n)\quad (\text{利用}\hat{x}(n)=x(n)-e(n))\\&=-\sum_{m=1}^{p}a_m x(n-m)+\sum_{m=0}^{p}a_m e(n-m),\quad 0\leqslant n\leqslant N-1\end{aligned} \tag{4.101}$$

综合以上分析结果，PRONY 谐波分解法适用的广义平稳随机序列可以用以上特殊的 ARMA 模型去描述它。

不妨令

$$\varepsilon(n)=\sum_{m=0}^{p}a_m e(n-m) \tag{4.102}$$

则由(4.101)可以得到

$$x(n)=-\sum_{m=1}^{p}a_m x(n-m)+\varepsilon(n) \tag{4.103}$$

这就将 $a_m(m=1,\cdots,p)$ 参数估计问题转化为 AR 模型参数估计问题了。当找到 $a_m(m=1,\cdots,p)$ 之后利用特征方程得到

$$A(z)=\sum_{i=0}^{p}a_i z^{p-i}=0 \tag{4.104}$$

求出 $z_l(l=1,\cdots,p)$ 之后，可以得到以下矩阵方程：

$$\boldsymbol{\Phi B}=\boldsymbol{X} \tag{4.105}$$

式(4.105)中，$\boldsymbol{\Phi}=\begin{bmatrix}1 & 1 & \cdots & 1\\ z_1 & z_2 & \cdots & z_p\\ z_1^2 & z_2^2 & \cdots & z_p^2\\ \vdots & \vdots & & \vdots\\ z_1^{N-1} & z_2^{N-1} & \cdots & z_p^{N-1}\end{bmatrix}$

$$\boldsymbol{B}=[B_1\quad B_2\quad \cdots\quad B_k]^{\mathrm{T}},\quad \boldsymbol{X}=[x(0)\quad x(1)\quad \cdots\quad x(N-1)]^{\mathrm{T}}$$

使 $\sum[x(n)-\hat{x}(n)]^2$ 为最小的解

$$\hat{\boldsymbol{B}}=[\boldsymbol{\Phi}^H\boldsymbol{\Phi}]^{-1}\boldsymbol{\Phi}^H\boldsymbol{X} \tag{4.106}$$

正弦信号的振幅、相位、衰减因子与频率可由以下算法得出：

① 振幅 $\hat{A}_m=|\hat{B}_m|$。

② 相位 $\hat{\varphi}_m=\arctan[\mathrm{Im}(\hat{B}_m)/\mathrm{Re}(\hat{B}_m)]$。

③ 阻尼因子 $\hat{\alpha}_m=\ln|z_m|/\Delta t$。

④ 频率 $\hat{f}_m=\{\arctan[\mathrm{Im}(z_m)/\mathrm{Re}(z_m)]\}/2\pi\Delta t$，　$m=1, 2, \cdots, p$。

4.4 子空间估计方法

子空间方法利用了矩阵谱分解的唯一性。当矩阵可以写成特征向量与特征值乘积的情况时，它们一定与谱分解算法计算得到的特征向量与特征值存在确定性的对应关系，从而可以利用信号子空间与噪声子空间进行求解。

设 $\boldsymbol{R}$ 可以写成 $\boldsymbol{A}_M\boldsymbol{P}\boldsymbol{A}_M^H$ 的谱分解形式。令 $\boldsymbol{s}_1, \cdots, \boldsymbol{s}_K$ 为自相关矩阵 $\boldsymbol{R}$ 的特征向量，对应 $\lambda_1, \cdots, \lambda_K$，定义为信号子空间。令 $\boldsymbol{s}_{K+1}, \cdots, \boldsymbol{s}_M$ 为自相关矩阵 $\boldsymbol{R}$ 的特征向量，对应 $\lambda_{K+1}, \cdots, \lambda_M$，定义为噪声子空间。

令 $\boldsymbol{G}=[\boldsymbol{s}_{K+1}, \cdots, \boldsymbol{s}_M]$

$$\boldsymbol{RG}=\boldsymbol{G}\begin{bmatrix}\sigma^2 & \cdots & 0\\ \vdots & & \vdots\\ 0 & \cdots & \sigma^2\end{bmatrix}=\sigma^2\boldsymbol{G}$$

$$\begin{aligned}\boldsymbol{RG}&=(\boldsymbol{A}_M\boldsymbol{P}\boldsymbol{A}_M^H+\sigma^2\boldsymbol{I})\boldsymbol{G}\\ &=\boldsymbol{A}_M\boldsymbol{P}\boldsymbol{A}_M^H\boldsymbol{G}+\sigma^2\boldsymbol{G}\\ &\Rightarrow\boldsymbol{A}_M\boldsymbol{P}\boldsymbol{A}_M^H\boldsymbol{G}=\boldsymbol{0}\Rightarrow\boldsymbol{A}_M^H\boldsymbol{G}=\boldsymbol{0}\end{aligned} \tag{4.107}$$

$$\boldsymbol{R}=[\boldsymbol{S}\quad \boldsymbol{G}]\begin{bmatrix}\lambda_S & \\ & \lambda_G\end{bmatrix}[\boldsymbol{S}\quad \boldsymbol{G}]^{\mathrm{T}},$$

$$\boldsymbol{RG}=[\boldsymbol{S}\quad \boldsymbol{G}]\begin{bmatrix}\lambda_S & \\ & \lambda_G\end{bmatrix}[\boldsymbol{S}\quad \boldsymbol{G}]^H\boldsymbol{G}=[\boldsymbol{S}\lambda_S\boldsymbol{S}^H+\boldsymbol{G}\lambda_G\boldsymbol{G}^H]\boldsymbol{G}=\boldsymbol{0}+\boldsymbol{G}\lambda_G$$

若已知实广义平稳随机序列 $\{y(n)\}$，$y(n)=x(n)+w(n)$，$x(n)=A\sin(2\pi fn\Delta t+\varphi)$。$A$，$\varphi$ 为随机量，彼此独立，$f(\varphi)=1/2\pi$，已给出 $\boldsymbol{R}_Y(0)=3$，$\boldsymbol{R}_Y(1)=1$，$\boldsymbol{R}_Y(2)=0$，求正弦信号的频率、功率及 σ_w^2。

$$\text{设 } \boldsymbol{R}_Y=\begin{bmatrix}3 & 1 & 0\\ 1 & 3 & 1\\ 0 & 1 & 3\end{bmatrix}$$

由 R_Y 可求出其特征值为 $\lambda_1=3$，$\lambda_2=3+\sqrt{2}$，$\lambda_3=3-\sqrt{2}$。因此，$\sigma_\omega^2=\lambda_{\min}=3-\sqrt{2}$，可知对应于 $\lambda_{\min}$ 的特征向量满足 $\boldsymbol{R}_Y\boldsymbol{A}=\sigma_\omega^2\boldsymbol{I}\boldsymbol{A}$，即

$$[\boldsymbol{R}_Y-\sigma_\omega^2]\boldsymbol{A}=0$$

$$\begin{bmatrix}\sqrt{2} & 1 & 0\\ 1 & \sqrt{2} & 1\\ 0 & 1 & \sqrt{2}\end{bmatrix}\begin{bmatrix}1\\ a_1\\ a_2\end{bmatrix}=0 \tag{4.108}$$

由式(4.108)求得 $a_1=-\sqrt{2}$，$a_2=1$。从特征多项式 $D(z)=1-\sqrt{2}z^{-1}+z^{-2}=0$，求得它的两个根

$$z_1=\frac{1}{\sqrt{2}}+\mathrm{j}\frac{1}{\sqrt{2}}$$

$$z_2=\frac{1}{\sqrt{2}}-\mathrm{j}\frac{1}{\sqrt{2}}$$

$$f=\tan^{-1}\left[\frac{\mathrm{Im}(z_1)}{\mathrm{Re}(z_1)}\right]/2\pi\Delta t=\arctan\left(\frac{1}{\sqrt{2}}\Big/\frac{1}{\sqrt{2}}\right)/2\pi\Delta t$$

$$=\pi/4\cdot 1/2\pi\Delta t=\frac{1}{8\Delta t}$$

$$P=\boldsymbol{R}_Y(0)-\sigma_\omega^2=3-(3-\sqrt{2})=\sqrt{2}$$

4.5 多重信号分类算法(MUSIC 算法)

真实频率值 $\{\omega_k\}_{k=1}^{K}$ 是下式的解。

$$\boldsymbol{a}_M^H(\omega)\boldsymbol{G}\boldsymbol{G}^H\boldsymbol{a}_M(\omega)=\boldsymbol{0} \tag{4.109}$$

$$\boldsymbol{a}_M(\omega)=\begin{bmatrix}1\\ \mathrm{e}^{-\mathrm{j}\omega}\\ \vdots\\ \mathrm{e}^{-\mathrm{j}\omega(M-1)}\end{bmatrix}$$

MUSIC 算法的步骤如下：

步骤 1 计算 $\hat{\boldsymbol{R}}=\frac{1}{N}\sum_{n=M}^{N}\tilde{\boldsymbol{y}}_M(n)\tilde{\boldsymbol{y}}_M^H(n)$，以及其特征分解。

步骤 2a （MUSIC 谱）将频率估计值确定为 MUSIC 谱的 K 个最高峰的位置，可得

$$\frac{1}{\boldsymbol{a}_M^H(\omega)\hat{\boldsymbol{G}}\hat{\boldsymbol{G}}^H\boldsymbol{a}_M(\omega)},\quad \omega\in[-\pi,\pi] \tag{4.110}$$

步骤 2b （求根 MUSIC ）将频率估计值确定为 K 次方程根的角位置（相位），可得

$$\boldsymbol{a}_M^H(z^{-1})\hat{\boldsymbol{G}}\hat{\boldsymbol{G}}^H\boldsymbol{a}_M(z)=\boldsymbol{0} \tag{4.111}$$

其 z 变化结果接近于单位圆

$$\begin{aligned}\boldsymbol{a}_M(z)&=[1\quad z^{-1}\ \cdots\ z^{-M+1}]^{\mathrm{T}}\\ \boldsymbol{a}_M(z)\big|_{z=\mathrm{e}^{\mathrm{j}\omega}}&=\boldsymbol{a}_M(\omega)\end{aligned} \tag{4.112}$$

4.6 旋转不变子空间算法(ESPRIT 算法)

令

$$\begin{aligned}\boldsymbol{A}_1&=[\boldsymbol{I}_{m-1}\quad \boldsymbol{0}]\boldsymbol{A}\\ \boldsymbol{A}_2&=[\boldsymbol{0}\quad \boldsymbol{I}_{m-1}]\boldsymbol{A}\end{aligned} \tag{4.113}$$

则 $\boldsymbol{A}_2=\boldsymbol{A}_1\boldsymbol{D}$，该式中

$$\boldsymbol{D}=\begin{bmatrix}\mathrm{e}^{-\mathrm{j}\omega_1} & \cdots & 0\\ \vdots & & \vdots\\ 0 & \cdots & \mathrm{e}^{-\mathrm{j}\omega_n}\end{bmatrix}$$

并令

$$\begin{aligned}\boldsymbol{S}_1&=[\boldsymbol{I}_{m-1}\quad \boldsymbol{0}]\boldsymbol{S}\\ \boldsymbol{S}_2&=[\boldsymbol{0}\quad \boldsymbol{I}_{m-1}]\boldsymbol{S}\end{aligned} \tag{4.114}$$

又 $\boldsymbol{S}=\boldsymbol{A}\boldsymbol{C}$，式中 $|\boldsymbol{C}|\neq 0$。则

$$S_2 = A_2 C = A_1 DC = S_1 \underbrace{C^{-1} DC}_{\phi} \tag{4.115}$$

令 $\boldsymbol{\phi} = \boldsymbol{C}^{-1}\boldsymbol{DC}$，其与 $\boldsymbol{D}$ 的特征值相同，$\boldsymbol{\phi}$ 与 $\boldsymbol{D}$ 的特征值相同，$\boldsymbol{\phi}$ 唯一确定为

$$\boldsymbol{\phi} = (\boldsymbol{S}_1^* \boldsymbol{S}_1)^{-1} \boldsymbol{S}_1^* \boldsymbol{S}_2 \tag{4.116}$$

4.7 最小模方法

MUSIC 方法应用 $\boldsymbol{R}(\hat{\boldsymbol{g}})$ 中的 $(m-n)$ 个线性独立的矢量来获得频率估值。由于 $\boldsymbol{R}(\hat{\boldsymbol{g}})$ 中的任何一个矢量渐近正交于 $|\boldsymbol{a}(\boldsymbol{w}_k)|_{k=1}^{n}$，所以可以考虑仅用一个这样的矢量来进行频率估计。这样做可以减少计算量，情况好的话还不会牺牲太多的精确性。最小模方法(Min-Nom)主要用下列方式进行频率估计。令

$$\begin{bmatrix} 1 \\ \hat{\boldsymbol{g}} \end{bmatrix} = \boldsymbol{R}(\hat{\boldsymbol{G}}) \tag{4.117}$$

则最小模频率估值可以由下式伪谱中 n 个最高峰的位置确定

$$\frac{1}{\left| \boldsymbol{a}^*(\omega) \begin{bmatrix} 1 \\ \hat{\boldsymbol{g}} \end{bmatrix} \right|^2} \tag{4.118}$$

也可以说是 n 个离单位圆最近的根的角位置

$$\boldsymbol{a}^{\mathrm{T}}(z^{-1}) \begin{bmatrix} 1 \\ \hat{\boldsymbol{g}} \end{bmatrix} \tag{4.119}$$

余下的问题是找到式(4.118)中的矢量，特别要证明它的第一个元素总是可以被归一化为 1。设矢量的欧氏范数由 $\|\cdot\|$ 表示，将矩阵 $\hat{\boldsymbol{S}}$ 分割成下列形式

$$\hat{\boldsymbol{S}} = \begin{bmatrix} \boldsymbol{\alpha}^* \\ \bar{\boldsymbol{S}} \end{bmatrix} \tag{4.120}$$

由于 $\boldsymbol{F}\begin{bmatrix} 1 \\ \hat{\boldsymbol{g}} \end{bmatrix} \in \mathscr{R}(\hat{\boldsymbol{G}})$，所以它肯定满足

$$\hat{\boldsymbol{S}}^* \begin{bmatrix} 1 \\ \hat{\boldsymbol{g}} \end{bmatrix} = 0 \tag{4.121}$$

应用式(4.120)，上式可以写成

$$\bar{\boldsymbol{S}} * \hat{\boldsymbol{g}} = -\boldsymbol{\alpha} \tag{4.122}$$

则式(4.118)的最小模解可由下式给出

$$\hat{\boldsymbol{g}}=-\bar{\boldsymbol{S}}(\bar{\boldsymbol{S}}^{*}\bar{\boldsymbol{S}})^{-1}\boldsymbol{\alpha} \tag{4.123}$$

假定式(4.123)中的 $\bar{\boldsymbol{S}}^{*}\bar{\boldsymbol{S}}$ 逆存在。注意到

$$\boldsymbol{I}=\hat{\boldsymbol{S}}^{*}\hat{\boldsymbol{S}}=\boldsymbol{\alpha}\boldsymbol{\alpha}^{*}+\bar{\boldsymbol{S}}^{*}\bar{\boldsymbol{S}} \tag{4.124}$$

$$\bar{\boldsymbol{S}}^{*}\bar{\boldsymbol{S}}=\boldsymbol{I}-\boldsymbol{\alpha}\boldsymbol{\alpha}^{*} \tag{4.125}$$

当且仅当 $\|\boldsymbol{\alpha}\|^{2}\neq 1$ 成立时，$\bar{\boldsymbol{S}}^{*}\bar{\boldsymbol{S}}$ 的逆存在。对于 n 维矩阵 $\boldsymbol{I}-\boldsymbol{\alpha}\boldsymbol{\alpha}^{*}$，它有 n 个特征值，一个特征值等于 $1-\|\alpha\|^{2}$，其余的 $(n-1)$ 个特征值均等于 1。

如果这个条件不满足，则在 $\boldsymbol{R}(\hat{\boldsymbol{G}})$ 中不存在形如式(4.118)的矢量。

一个简单的计算表明

$$(\bar{\boldsymbol{S}}^{*}\bar{\boldsymbol{S}})^{-1}\boldsymbol{\alpha}=(\boldsymbol{I}-\boldsymbol{\alpha}\boldsymbol{\alpha}^{*})^{-1}\boldsymbol{\alpha}=\boldsymbol{\alpha}/(1-\|\boldsymbol{\alpha}\|^{2}) \tag{4.126}$$

将式(4.126)代入式(4.123)则有

$$\hat{\boldsymbol{g}}=-\bar{\boldsymbol{S}}\boldsymbol{\alpha}/(1-\|\boldsymbol{\alpha}\|^{2}) \tag{4.127}$$

式(4.127)表明，$\hat{\boldsymbol{g}}$ 是 $\hat{\boldsymbol{S}}$ 元素的函数。为了获得此函数，将矩阵 $\hat{\boldsymbol{G}}$ 分割成下列形式

$$\hat{\boldsymbol{G}}=\begin{bmatrix}\boldsymbol{\beta}^{*}\\ \hat{\boldsymbol{G}}\end{bmatrix} \tag{4.128}$$

由矩阵 $\hat{\boldsymbol{S}}$ 和 $\hat{\boldsymbol{G}}$ 的定义，即式(4.120)与式(4.128)，有

代入 $\hat{\boldsymbol{S}}\hat{\boldsymbol{S}}^{*}=\boldsymbol{I}-\hat{\boldsymbol{G}}\hat{\boldsymbol{G}}^{*}$，有

$$\begin{bmatrix}\|\boldsymbol{\alpha}\|^{2} & (\bar{\boldsymbol{S}}\boldsymbol{\alpha})^{*}\\ \bar{\boldsymbol{S}}\boldsymbol{\alpha} & \bar{\boldsymbol{S}}\bar{\boldsymbol{S}}^{*}\end{bmatrix}=\begin{bmatrix}1-\|\boldsymbol{\beta}\|^{2} & -(\bar{\boldsymbol{G}}\boldsymbol{\beta})^{*}\\ -\bar{\boldsymbol{G}}\boldsymbol{\beta} & \boldsymbol{I}-\bar{\boldsymbol{G}}\bar{\boldsymbol{G}}^{*}\end{bmatrix} \tag{4.129}$$

通过比较式(4.128)中的对应块，将 $\|\boldsymbol{\alpha}\|^{2}$ 和 $\bar{\boldsymbol{S}}\boldsymbol{\alpha}$ 表示为 $\bar{\boldsymbol{G}}$ 和 $\boldsymbol{\beta}$ 的函数是可能的，从而得出下列关于 $\hat{\boldsymbol{g}}$ 的等价表达式

$$\hat{\boldsymbol{g}}=\bar{\boldsymbol{G}}\boldsymbol{\beta}/\|\boldsymbol{\beta}\|^{2} \tag{4.130}$$

最小模方法的统计精确性类似于 MUSIC 算法。因此，最小模方法在减少计算量的情况下能获得 MUSIC 算法相似的性能。值得注意的是，应用于最小模算法时，$\boldsymbol{R}(\hat{\boldsymbol{G}})$ 中的矢量选择可能会导致相当差的精确性。

4.8 二维谱估计

前面描述是一维非参数化与参数化谱估计，它们是二维与多维谱估计的基础。虽然

二维与多维谱估计能提供更多的数据信息，但是它的代价是耗费更多的计算资源。典型的二维非参数化谱估计是二维傅里叶变换，也被称为二维周期图。二维参数化谱估计中的关键是对二维参数进行配对。

设数字采集系统获取的二维数据的数学模型为

$$x(m, n) = s(m, n) + v(m, n) \tag{4.131}$$

式(4.131)中，$s(m, n)=\sum_{k=1}^{K} a_k \mathrm{e}^{(\mathrm{j}2\pi f_{1k}m+\mathrm{j}2\pi f_{2k}n+\mathrm{j}\phi_k)}$，$v(m, n)$ 是二维零均值白噪声。当不考虑噪声 $v(m, n)$ 时，式(4.131)可以表示为

$$x(m, n) = \sum_{k=1}^{K} a_k \exp(\mathrm{j}2\pi f_{1k}m + \mathrm{j}2\pi f_{2k}n + \mathrm{j}\phi_k) \tag{4.132}$$

为了估计式(4.129)中的参量，将采集到的数据 $x(m, n)$ 排列成矩阵形式。

$$\boldsymbol{X} = \begin{bmatrix} x(0, 0) & x(0, 1) & \cdots & x(0, m) \\ x(1, 0) & x(1, 1) & \cdots & x(1, m) \\ \vdots & \vdots & & \vdots \\ x(m, 0) & x(m, 1) & \cdots & x(m, m) \end{bmatrix} = \boldsymbol{YAZ} \tag{4.133}$$

式(4.133)中

$$\boldsymbol{Y} = \begin{bmatrix} 1 & 1 & \cdots & 1 \\ \mathrm{e}^{\mathrm{j}2\pi f_{11}} & \mathrm{e}^{\mathrm{j}2\pi f_{12}} & \cdots & \mathrm{e}^{\mathrm{j}2\pi f_{1k}} \\ \vdots & \vdots & & \vdots \\ \mathrm{e}^{\mathrm{j}2\pi f_{11}M} & \mathrm{e}^{\mathrm{j}2\pi f_{12}M} & \cdots & \mathrm{e}^{\mathrm{j}2\pi f_{1k}M} \end{bmatrix} \tag{4.134}$$

$$\boldsymbol{A} = \begin{bmatrix} a_1 & & & \\ & a_2 & & \\ & & \ddots & \\ & & & a_k \end{bmatrix} \tag{4.135}$$

$$\boldsymbol{Z} = \begin{bmatrix} 1 & \mathrm{e}^{\mathrm{j}2\pi f_{21}} & \cdots & \mathrm{e}^{\mathrm{j}2\pi f_{21}M} \\ 1 & \mathrm{e}^{\mathrm{j}2\pi f_{22}} & \cdots & \mathrm{e}^{\mathrm{j}2\pi f_{22}M} \\ \vdots & \vdots & & \vdots \\ 1 & \mathrm{e}^{\mathrm{j}2\pi f_{2k}} & \cdots & \mathrm{e}^{\mathrm{j}2\pi f_{2k}M} \end{bmatrix} \tag{4.136}$$

假设存在两个频率 (f_{11}, f_{21})，(f_{12}, f_{22})。若 $f_{11}=f_{22}$，则称 f_{11}，f_{22} 为共享频率对。若式(4.131)或式(4.133)中存在共享频率对时，根据范德蒙矩阵性质有 $\mathrm{rank}(\boldsymbol{X}) < k$，即根据式(4.130)不能估计出全部二维谱。

为了估计含有共享频率对的二维谱，将式(4.131)与式(4.133)重写为

$$\boldsymbol{Y}=\begin{bmatrix}1 & 1 & \cdots & 1\\ y_1 & y_2 & \cdots & y_k\\ \vdots & \vdots & & \vdots\\ y_1^M & y_2^M & \cdots & y_k^M\end{bmatrix},\quad y_i=\mathrm{e}^{\mathrm{j}2\pi f_{1i}} \tag{4.137}$$

$$\boldsymbol{Z}=\begin{bmatrix}1 & z_1 & \cdots & z_1^M\\ 1 & z_2 & \cdots & z_2^M\\ \vdots & \vdots & & \vdots\\ 1 & z_k & \cdots & z_k^M\end{bmatrix},\quad z_i=\mathrm{e}^{\mathrm{j}2\pi t_{2i}} \tag{4.138}$$

并构造增广矩阵为

$$\boldsymbol{X}_e=\begin{bmatrix}X_1 & X_2 & \cdots & X_{M-k}\\ X_2 & X_3 & \cdots & X_{M-k+1}\\ \vdots & \vdots & & \vdots\\ X_{k-1} & X_k & \cdots & X_{N-1}\end{bmatrix}_{k\times(M-k+1)} \tag{4.139}$$

式(4.139)中，$\boldsymbol{X}_m(m=1,2,\cdots,N)$是其中的元素，表达式为

$$\boldsymbol{X}_m=\begin{bmatrix}x(m,0) & x(m,1) & \cdots & x(m,N-L)\\ x(m,1) & x(m,1) & \cdots & x(m,N-L+1)\\ \vdots & \vdots & & \vdots\\ x(m,L-1) & x(m,L) & \cdots & x(m,N-1)\end{bmatrix}_{L\times(N-L+1)} \tag{4.140}$$

用矩阵形式可以将 $\boldsymbol{X}_e$ 重新表示为

$$\boldsymbol{X}_e=\boldsymbol{E}_2\boldsymbol{A}\boldsymbol{E}_k \tag{4.141}$$

式(4.141)中

$$\boldsymbol{E}_L=\begin{bmatrix}\boldsymbol{z}_L\\ \boldsymbol{z}_L\boldsymbol{Y}_d\\ \boldsymbol{z}_L\boldsymbol{Y}_d^{k-1}\end{bmatrix},\quad \boldsymbol{Z}_L=\begin{bmatrix}1 & 1 & \cdots & 1\\ z_1 & z_2 & \cdots & z_k\\ \vdots & \vdots & & \vdots\\ z_1^{L-1} & z_2^{L-1} & \cdots & z_k^{L-1}\end{bmatrix}\quad \boldsymbol{Y}_d=\begin{bmatrix}y_1 & & \\ & \ddots & \\ & & y_k\end{bmatrix},$$

$$\boldsymbol{E}_R=[\boldsymbol{z}_R,\boldsymbol{Y}_d\boldsymbol{z}_R,\cdots,\boldsymbol{Y}_d^{M-k}\boldsymbol{z}_R]$$

且 $\boldsymbol{z}_R=\boldsymbol{z}_L^H$。当式(4.141)的 K，L 大于等于信号个数，且 $M-K+1\geqslant$ 信号个数时，$\mathrm{rank}(\boldsymbol{E}_L)$ 与 $\mathrm{rank}(\boldsymbol{E}_R)$ 均不小于二维谱参数对。对 $\boldsymbol{X}_e$ 作奇异值分解

$$\boldsymbol{X}_e = \sum_{m_n}^{\min} \boldsymbol{\sigma}_i \boldsymbol{u}_i \boldsymbol{v}_i^H = \boldsymbol{U}_s \boldsymbol{\Sigma}_s \boldsymbol{V}_s^H + \boldsymbol{U}_n \boldsymbol{\Sigma}_n \boldsymbol{V}_n^H \tag{4.142}$$

其中，$\boldsymbol{U}_s = \boldsymbol{E}_L \boldsymbol{T}$，这里 $\boldsymbol{T}$ 是一个非奇异矩阵。

令 $\boldsymbol{U}_1 = \boldsymbol{U}_s$，去掉最后 L 行，$\boldsymbol{U}_2 = \boldsymbol{U}_s$，去掉正数 L 行，则 $\boldsymbol{U}_1 = \boldsymbol{E}_1 \boldsymbol{T}$，$\boldsymbol{U}_2 = \boldsymbol{E}_1 \boldsymbol{Y}_d \boldsymbol{T}$。其中，$\boldsymbol{E}_1 = \boldsymbol{E}_L$，去掉最后 L 行。那么 $\boldsymbol{U}_2 - \lambda \boldsymbol{U}_1 = \boldsymbol{E}_1(\boldsymbol{Y}_d - \lambda \boldsymbol{I})\boldsymbol{T}$，得到 $\boldsymbol{Y}_d$，接下来对 $\boldsymbol{Z}_d$ 进行估计，$\boldsymbol{Z}_d$ 表示为

$$\boldsymbol{Z}_d = \begin{bmatrix} z_1 & & \\ & \ddots & \\ & & z_d \end{bmatrix} \tag{4.143}$$

注意到 $\boldsymbol{X}_e$ 中，$\boldsymbol{U}_2 - \lambda \boldsymbol{U}_1 = \boldsymbol{E}_1(\boldsymbol{Y}_d - \lambda \boldsymbol{I})\boldsymbol{T}$。因此可以求得非奇异矩阵 $\boldsymbol{T}$，从而可以根据式(4.144)的关系估计 $\boldsymbol{Y}_d$。

$$\begin{gathered} \boldsymbol{U}_1 \boldsymbol{T}^{-1} = \boldsymbol{E}_1 \\ \boldsymbol{U}_2 = \boldsymbol{U}_1 \boldsymbol{T}^{-1} \boldsymbol{Y}_d \boldsymbol{T} \\ \boldsymbol{Y}_d = (\boldsymbol{U}_1 \boldsymbol{T}^{-1})^{-1} \boldsymbol{U}_2 \boldsymbol{T} \end{gathered} \tag{4.144}$$

同样，$\boldsymbol{Z}_d$ 的求解可以先对 $\boldsymbol{X}_e$ 转置得到 $\boldsymbol{X}_e^T$，再对 $\boldsymbol{X}_e^T$ 做奇异性分解得到

$$\boldsymbol{X}_e^T = \boldsymbol{U}_{ps} \boldsymbol{\Sigma}_{ps} \boldsymbol{V}_{ps}^H + \boldsymbol{U}_{ns} \boldsymbol{\Sigma}_{ns} \boldsymbol{V}_{rs}^H \tag{4.145}$$

令 $\boldsymbol{U}_1 = \boldsymbol{U}_s$，去掉最后 L 行，$\boldsymbol{U}_2 = \boldsymbol{U}_s$，去掉正数 L 行，则 $\boldsymbol{Z}_d = (\boldsymbol{U}_2 \boldsymbol{T}^{-1})^{-1} \boldsymbol{U}_{ps} \boldsymbol{T}^{-1}$。

最后，由于 $\boldsymbol{Y}_d$ 的非奇异矩阵 $\boldsymbol{T}$ 近似等于 $\boldsymbol{Z}_d$ 的非奇异矩阵 $\boldsymbol{T}$，因此可以很容易地通过 $\boldsymbol{T}$ 对 $\boldsymbol{Y}_d$ 和 $\boldsymbol{Z}_d$ 进行配对。表 4-3 对前面介绍的谱估计方法进行了对比。

表 4-3　频率估计方法总结

方法	计算量	准确率/分辨率	误频估计风险
Periodogram	小	中等	中等
Nonlinear LS	很高	很高	很高
Yule-Walker	中等	高	中等
Pisarenko	小	低	无
MUSIC	高	高	中等
Min-Norm	中等	高	小
ESPRIT	中等	很高	无

4.9　卡尔曼滤波

以匀速目标为例，推导运动方程。根据微分方程，有

$$\begin{bmatrix}\dot{x}\\ \ddot{x}\end{bmatrix}=\begin{bmatrix}0 & 1\\ 0 & 0\end{bmatrix}\begin{bmatrix}x\\ \dot{x}\end{bmatrix}+\begin{bmatrix}0\\ 1\end{bmatrix}w(t) \tag{4.146}$$

式(4.146)中，$\dot{x}=\dfrac{\mathrm{d}x}{\mathrm{d}t}$，$\ddot{x}=\dfrac{\mathrm{d}^2x}{\mathrm{d}t^2}=w(t)$。

首先求通解，对于 $\begin{bmatrix}\dot{x}\\ \ddot{x}\end{bmatrix}=\begin{bmatrix}0 & 1\\ 0 & 0\end{bmatrix}\begin{bmatrix}x\\ \dot{x}\end{bmatrix}$，设 $\boldsymbol{A}=\begin{bmatrix}0 & 1\\ 0 & 0\end{bmatrix}$，则对应的通解形式为

$$\begin{bmatrix}x\\ \dot{x}\end{bmatrix}=\boldsymbol{\Phi}(t)\begin{bmatrix}x\\ \dot{x}\end{bmatrix} \tag{4.147}$$

式(4.147)中，$\boldsymbol{\Phi}(t)=\mathrm{e}^{At}=\boldsymbol{I}+\boldsymbol{A}t+\dfrac{\boldsymbol{A}^2t^2}{2!}+\cdots$，式中，$\boldsymbol{I}$ 是单位阵，因为 $\boldsymbol{A}^2=\boldsymbol{0}$，所以

$$\boldsymbol{\Phi}(t)=\mathrm{e}^{At}=\begin{bmatrix}1 & \\ & 1\end{bmatrix}+\begin{bmatrix}0 & 1\\ 0 & 0\end{bmatrix}t=\begin{bmatrix}1 & t\\ & 1\end{bmatrix} \tag{4.148}$$

将(4.148)代入(4.134)，通解可以写为

$$\begin{bmatrix}x(t)\\ \dot{x}(t)\end{bmatrix}=\boldsymbol{\Phi}(t-t_0)\begin{bmatrix}x(t_0)\\ \dot{x}(t_0)\end{bmatrix}=\begin{bmatrix}1 & t-t_0\\ 0 & 1\end{bmatrix}\begin{bmatrix}x(t_0)\\ \dot{x}(t_0)\end{bmatrix} \tag{4.149}$$

加上初始条件 $\ddot{x}=\dfrac{\mathrm{d}^2x}{\mathrm{d}t^2}=w(t)$，则特解可以表示为

$$\begin{bmatrix}x(t)\\ \dot{x}(t)\end{bmatrix}=\boldsymbol{\Phi}(t-t_0)\begin{bmatrix}x(t_0)\\ \dot{x}(t_0)\end{bmatrix}+\boldsymbol{G}(t)w(t) \tag{4.150}$$

根据微分方程特解的解法，设 $t_0=0$，有

$$\begin{aligned}\boldsymbol{G}(t)&=\int_0^t\boldsymbol{\Phi}(t-t_0)\begin{bmatrix}0\\ 1\end{bmatrix}\mathrm{d}t_0=\int_0^t\begin{bmatrix}1 & t-t_0\\ 0 & 1\end{bmatrix}\begin{bmatrix}0\\ 1\end{bmatrix}\mathrm{d}t_0=\int_0^t\begin{bmatrix}t-t_0\\ 1\end{bmatrix}\mathrm{d}t_0\\ &=\begin{bmatrix}t(t-0)-\dfrac{t_0^2\,|_0^t}{2}\\ t\end{bmatrix}=\begin{bmatrix}t^2-\dfrac{t^2}{2}\\ t\end{bmatrix}=\begin{bmatrix}\dfrac{t^2}{2}\\ t\end{bmatrix}\end{aligned} \tag{4.151}$$

将(4.151)代入(4.150)，并设 $t_0=0$，有

$$\begin{bmatrix}x(t)\\ \dot{x}(t)\end{bmatrix}=\begin{bmatrix}1 & t\\ 0 & 1\end{bmatrix}\begin{bmatrix}x(0)\\ \dot{x}(0)\end{bmatrix}+\begin{bmatrix}\dfrac{t^2}{2}\\ t\end{bmatrix}w(t) \tag{4.152}$$

式(4.152)满足牛顿运动定律方程。以一个匀速模型为例，说明运动模型推导过程的复

杂性。

设已知

$$\begin{bmatrix}\dot{x}\\ \ddot{x}\end{bmatrix}=\begin{bmatrix}0 & 1\\ 0 & 0\end{bmatrix}\begin{bmatrix}x\\ \dot{x}\end{bmatrix}+\begin{bmatrix}0\\ 1\end{bmatrix}w(t) \tag{4.153}$$

式(4.153)中，$\dot{x}=\dfrac{\mathrm{d}x}{\mathrm{d}t}$，$\ddot{x}=\dfrac{\mathrm{d}\dot{x}}{\mathrm{d}t}$，$\ddot{x}=w(t)$。

求通解。设 $\begin{bmatrix}\dot{x}\\ \ddot{x}\end{bmatrix}=\boldsymbol{A}\begin{bmatrix}x\\ \dot{x}\end{bmatrix}$ 对应的微分方程解为 $\begin{bmatrix}x\\ \dot{x}\end{bmatrix}=\phi(t)\begin{bmatrix}x\\ \dot{x}\end{bmatrix}$，微分方程的通解形式有

$$\phi(t)=\boldsymbol{I}+\boldsymbol{A}t+\frac{\boldsymbol{A}^2t^2}{2!}+\frac{\boldsymbol{A}^3t^3}{3!}+\cdots=\mathrm{e}^{At} \tag{4.154}$$

式(4.154)中，$\boldsymbol{A}=\begin{bmatrix}0 & 1\\ 0 & 0\end{bmatrix}$，$\boldsymbol{A}^2=\begin{bmatrix}0 & 0\\ 0 & 0\end{bmatrix}$。

则 $\phi(t)=\begin{bmatrix}1 & 0\\ 0 & 1\end{bmatrix}+\begin{bmatrix}0 & 1\\ 0 & 0\end{bmatrix}t+\begin{bmatrix}0 & 0\\ 0 & 0\end{bmatrix}\dfrac{t^2}{2}+\cdots$，代入对应的微分方程 $\begin{bmatrix}x\\ \dot{x}\end{bmatrix}=\phi(t)\begin{bmatrix}x\\ \dot{x}\end{bmatrix}$，有

$$\begin{bmatrix}x(t)\\ \dot{x}(t)\end{bmatrix}_f=\phi(t-t_0)\begin{bmatrix}x(t_0)\\ \dot{x}(t_0)\end{bmatrix}=\begin{bmatrix}1 & t-t_0\\ 0 & 1\end{bmatrix}\begin{bmatrix}x(t_0)\\ \dot{x}(t_0)\end{bmatrix}$$

实际系统的通解可以写为 $\begin{bmatrix}X(t)\\ \dot{X}(t)\end{bmatrix}=\boldsymbol{\phi}(t-t_0)\begin{bmatrix}x(t_0)\\ \dot{x}(t_0)\end{bmatrix}+\boldsymbol{G}(t)w(t)$，$\boldsymbol{G}(t)$ 为特解，根据定义(对于连续性)有

$$\begin{aligned}\boldsymbol{G}(t)&=\int_{kT}^{(k+1)T}\boldsymbol{\phi}(t_{k+1},\tau)\begin{bmatrix}0\\ 1\end{bmatrix}\mathrm{d}\tau=\int_{kT}^{(k+1)T}\begin{bmatrix}1 & t_{k+1}-\tau\\ 0 & 1\end{bmatrix}\begin{bmatrix}0\\ 1\end{bmatrix}\mathrm{d}\tau\\ &=\int_{kT}^{(k+1)T}\begin{bmatrix}t_{k+1}-\tau\\ 1\end{bmatrix}\mathrm{d}\tau\\ &=\begin{bmatrix}(k+1)T[(k+1)T-kT]-\dfrac{[(k+1)T]^2-(kT)^2}{2}\\ (k+1)T\triangleq t_{k+1},\quad t_0\triangleq kT\end{bmatrix}\\ &=\begin{bmatrix}\dfrac{T^2}{2}\\ T\end{bmatrix}\end{aligned} \tag{4.155}$$

式(4.155)中，$(k+1)T\triangleq t_{k+1}$，$t_0\triangleq kT$。

对于离散状态模型式(4.155)可以简化为

$$\boldsymbol{G}(t)=\begin{bmatrix}1 & T\\0 & 1\end{bmatrix}\begin{bmatrix}0\\1\end{bmatrix}=\begin{bmatrix}T\\1\end{bmatrix} \tag{4.156}$$

以上推导的是目标匀速运动时的状态方程。当目标运动速度方向已知且仅需估计目标位置时，卡尔曼滤波的状态方程(运动模型)/预测方程可以进一步简化分别表示为

$$s(n)=as(n-1)+u(n) \tag{4.157}$$

$$X(n)=s(n)+w(n) \tag{4.158}$$

式(4.157)与(4.158)中，$u(n)$ 与 $w(n)$ 都是零均值高斯白噪声。

基于式(4.157)与(4.158)的卡尔曼滤波目标是 $\min E\{[s(n)-\hat{s}(n\mid n)]^2\}$，即最小化第 n 步预测值与估计值的误差，$\hat{s}(n\mid n)$ 表示为

$$\begin{aligned}\hat{s}(n\mid n)&=E[s(n)\mid x(0),\ x(1),\ \cdots,\ x(n-1)]+E[s(n)\mid x(n)]\\&=\hat{s}(n\mid n-1)+E[s(n)\mid x(n)]\\&=\sum_{k=0}^{n-1}a_k[s(k)+w(k)]+E[s(n)\mid x(n)]\end{aligned} \tag{4.159}$$

定义　$x[n]=\hat{x}[n\mid n-1]+\tilde{x}(n)$，即 $x(n)$ 可以表示成 $n-1$ 个观测值的加权估计值 $\hat{x}(n\mid n-1)=\sum_{k=0}^{n-1}a_kx(k)$ 与残差 $\tilde{x}(n)$ 的组合。因为 $s(n)$ 是在 $x(n-1)$, $x(n-2)$, …, $x(0)$ 的基础上预测的，所以 $E[s(n)\mid x(n)]$ 中 $s(n)$ 没有用到的条件只有残差 $\tilde{x}(n)$，因此 $E[s(n)\mid x(n)]=E[s(n)\mid\tilde{x}(n)]$。于是

$$\hat{s}(n\mid n)=\hat{s}(n\mid n-1)+E[S(n)\mid\tilde{x}(n)]=\hat{s}(n\mid n-1)+K(n)\tilde{x}(n) \tag{4.160}$$

令 $E[s(n)\mid\tilde{x}(n)]=K(n)\tilde{x}(n)\Rightarrow K(n)=\dfrac{E[S(n)\tilde{x}(n)]}{E[\tilde{x}^2(n)]}$，又因为

$$\begin{aligned}&E[x(n\mid n-1)]=E[\hat{s}(n\mid n-1)+\hat{w}(n\mid n-1)]=E[\hat{s}(n\mid n-1)]+0\\&\quad\Rightarrow\hat{x}(n\mid n-1)=\hat{s}(n\mid n-1)\Rightarrow\tilde{x}(n)=x(n)-\hat{s}(n\mid n-1)\end{aligned} \tag{4.161}$$

且

$$\begin{aligned}\hat{s}(n\mid n-1)&=E[s(n)\mid x(0),\ x(1),\ \cdots,\ x(n-1)]\\&=E[as(n-1)+u(n)\mid x(0),\ x(1),\ \cdots,\ x(n-1)]\\&=a\hat{s}(n-1\mid n-1)\end{aligned} \tag{4.162}$$

于是有

$$K(n)=\frac{E[s(n)-\hat{s}(n\mid n-1)][s(n)+w(n)-\hat{s}(n\mid n-1)]}{E\{[s(n)-\hat{s}(n\mid n-1)+w(n)]^2\}}$$
$$=\frac{E[s(n)-\hat{s}(n\mid n-1)]^2}{\sigma_w^2+E[(s(n)-\hat{s}(n\mid n-1)]^2}\triangleq\frac{M(n\mid n-1)}{\sigma_w^2+M(n\mid n-1)} \tag{4.163}$$

式(4.163)中 $M(n\mid n-1)$ 称为预测协方差误差，下面看 $M(n\mid n-1)$ 的推导公式

$$\begin{aligned}M(n\mid n-1)&=E[s(n)-\hat{s}(n\mid n-1)]^2\\&=E[(as(n-1)+u(n)-\hat{s}(n\mid n-1)]^2\\&=E[a(s(n-1)-\hat{s}(n-1\mid n-1))+u(n)]^2\\&=a^2M(n-1\mid n-1)+\sigma_u^2\end{aligned} \tag{4.164}$$

$$\begin{aligned}M(n\mid n)&=E[(s(n)-\hat{s}(n\mid n))^2]\\&=E[(s(n)-\hat{s}(n\mid n-1)-K(n)][x(n)-\hat{s}(n\mid n-1)]^2]\\&=M(n\mid n-1)-2K(n)E[(s(n)-\hat{s}(n\mid n-1))(x(n)-\hat{s}(n\mid n-1))]\\&\quad+K^2(n)E[x(n)-\hat{s}(n\mid n-1)]^2\\&=M(n\mid n-1)-2K^2(n)[\sigma_w^2+M(n\mid n-1)]+K(n)M(n\mid n-1)\\&=[1-K(n)]M(n\mid n-1)\end{aligned} \tag{4.165}$$

极端情况下(观测准确)若 $\sigma_w^2=0$，则 $k(n)=1$，即修正值与观测值相等。若 $\sigma_w^2\to\infty$，则 $k(n)=0$，则观测值有害无益。

状态预测

$$\hat{s}(n\mid n-1)=\hat{a}s(n+1\mid n-1)$$

误差方差预测

$$M(n\mid n-1)=a^2M(n-1\mid n-1)+\sigma_u^2$$
$$K(n)=\frac{M(n\mid n-1)}{\sigma_w^2+M(n\mid n-1)}$$

根据观测值修正

$$\hat{s}(n\mid n)=\hat{s}(n\mid n-1)+K(n)[x(n)-\hat{s}(n\mid n-1)]$$

预测误差均方差修正

$$M(n\mid n)=[1-K(n)]M(n\mid n-1)$$

卡尔曼滤波流程总结如下：

(1) 计算预测均值和方差矩阵

$$\hat{\boldsymbol{x}}_{k\mid k-1}=\boldsymbol{F}\hat{\boldsymbol{x}}_{k-1\mid k-1} \tag{4.166}$$

$$\boldsymbol{P}_{k|k-1}=\boldsymbol{F}\boldsymbol{P}_{k-1|k-1}\boldsymbol{F}^{\mathrm{T}}+\boldsymbol{Q}_k \tag{4.167}$$

（2）计算状态方程、协方差矩阵和卡尔曼滤波增益

$$\hat{\boldsymbol{y}}_{k|k-1}=\boldsymbol{H}\hat{\boldsymbol{x}}_{k|k-1} \tag{4.168}$$

$$\boldsymbol{S}_k=\boldsymbol{H}\boldsymbol{P}_{k|k-1}\boldsymbol{H}^{\mathrm{T}}+\boldsymbol{R} \tag{4.169}$$

$$\boldsymbol{K}_k=\boldsymbol{P}_{k|k-1}\boldsymbol{H}^{\mathrm{T}}\boldsymbol{S}_k^{-1} \tag{4.170}$$

（3）计算后验均值和方差矩阵

$$\hat{\boldsymbol{x}}_{k|k}=\hat{\boldsymbol{x}}_{k|k-1}+\boldsymbol{K}_k(\boldsymbol{y}_k-\hat{\boldsymbol{y}}_{k|k-1}) \tag{4.171}$$

$$\boldsymbol{P}_{k|k}=(\boldsymbol{I}-\boldsymbol{K}_k\boldsymbol{H})\boldsymbol{P}_{k|k-1} \tag{4.172}$$

5 谱估计性能下界

本章内容讨论谱估计性能下界。谱估计性能下界是最优估计方法能达到的最小估计方差下限，一般是无偏估计条件下的最小估计方差，它与算法无关。克拉美罗界在谱估计性能下界计算方面应用最广泛。如果克拉美罗界推导比较困难，可以基于计算机用最大似然估计方法通过足够多次仿真进行估计，其前提条件是信噪比要大于 6 dB 以上。除了克拉美罗界以外，谱估计性能下界也可以通过巴兰金界或熵误差等进行分析。简单的谱估计方法，其谱估计性能下界也可以直接用方差公式计算。谱估计性能下界仅仅是评估算法精确度的量化指标，但是最接近性能下界的算法并不一定是实际中最适用的算法。特别是当信噪比较低时，巴兰金界或熵误差都与其引入的先验知识直接相关，可用于低信噪比下谱估计性能下界的参考，但必须有条件地说明其在什么情况下是可达的下界。

5.1 信号包络与相位概率分布

谱估计性能下界推导是对确定函数的极值计算。因此，必须知道估计子的概率分布表达式。

假设

$$X(t)=s(t)+N(t) \tag{5.1}$$

式(5.1)中，信号 $s(t)$ 为随机余弦信号，表达式如下

$$s(t)=a\cos(\omega_0 t+\theta) \tag{5.2}$$

式(5.2)中，a，ω_0 为已知常数，随机变量 θ 服从 $(0,\ 2\pi)$ 区间上的均匀分布。噪声 $N(t)$ 为功率谱密度关于中心频率 $\pm\omega_0$ 偶对称、零均值、方差为 σ^2 的平稳窄带高斯过程。

显然，这里 $X(t)$ 是一个窄带随机过程。窄带高斯噪声 $N(t)$ 表示为

$$N(t)=A_C(t)\cos\omega_0 t-A_S(t)\sin\omega_0 t \tag{5.3}$$

余弦信号 $s(t)$ 表示为

$$s(t)=a\cos\theta\cos\omega_0 t-a\sin\theta\sin\omega_0 t \tag{5.4}$$

代入式(5.1)得

$$X(t)=s(t)+N(t)=[a\cos\theta+A_C(t)]\cos\omega_0 t-[a\sin\theta+A_S(t)]\sin\omega_0 t \quad (5.5)$$

令

$$\begin{cases}A'_C(t)=a\cos\theta+A_C(t)\\A'_S(t)=a\sin\theta+A_S(t)\end{cases} \quad (5.6)$$

则

$$X(t)=A'_C(t)\cos\omega_0 t-A'_S(t)\sin\omega_0 t \quad (5.7)$$

式(5.6)和(5.7)中，$A'_C(t)$，$A'_S(t)$ 都是低频带限过程，它们随时间的变化比 $\cos\omega_0 t$ 要缓慢得多。

将式(5.1)表示为余弦振荡的形式

$$X(t)=A(t)\cos[\omega_0 t+\varphi(t)] \quad (5.8)$$

则 $X(t)$ 的包络和相位 $A(t)$，$\varphi(t)$ 为

$$\begin{cases}A(t)=\sqrt{[A'_C(t)]^2+[A'_S(t)]^2}\\\varphi(t)=\arctan[A'_S(t)/A'_C(t)]\end{cases} \quad (5.9)$$

式(5.9)中，$A(t)$，$\varphi(t)$ 也都是慢变化随机过程。

1) $A'_C(t)$，$A'_S(t)$ 在给定 θ 条件下的二维条件概率密度 $f(A'_{ct}/\theta,\ A'_{st}/\theta)$

为了求出一维概率密度 $f_A(A_t)$ 和 $f_\varphi(\varphi_t)$，先求条件概率密度 $f(A'_{ct}/\theta,\ A'_{st}/\theta)$。

(1) A'_{ct}/θ，A'_{st}/θ 都是高斯变量，且相互独立。

由 $A'_C(t)$，$A'_S(t)$ 和 $A_C(t)$，$A_S(t)$ 的关系可得

$$\begin{cases}A'_{ct}=a\cos\theta+A_{ct}\\A'_{st}=a\sin\theta+A_{st}\end{cases} \quad (5.10)$$

因为 A_{ct}，A_{st} 是独立高斯变量，从上式便可推出 A'_{ct}/θ，A'_{st}/θ 也是独立高斯变量。

(2) A'_{ct}/θ，A'_{st}/θ 的均值。

由 A_{ct}，A_{st} 的均值皆为零，可得

$$\begin{cases}E[A'_{ct}/\theta]=a\cos\theta\\E[A'_{st}/\theta]=a\sin\theta\end{cases} \quad (5.11)$$

(3) A'_{ct}/θ，A'_{st}/θ 的方差。

由 A_{ct}，A_{st} 的方差皆为 σ^2，可得

$$D[A'_{ct}/\theta]=D[A'_{st}/\theta]=\sigma^2 \quad (5.12)$$

由上述三个结论可得 $A'_C(t)$，$A'_S(t)$ 在给定 θ 条件下的二维条件概率密度为

$$f(A'_{ct}/\theta,\ A'_{st}/\theta)=\frac{1}{2\pi\sigma^2}\exp\left\{-\frac{1}{2\sigma^2}\left[(A'_{ct}-a\cos\theta)^2+(A'_{st}-a\sin\theta)^2\right]\right\}$$

(5.13)

2) $A(t)$，$\varphi(t)$在给定θ条件下的二维条件概率密度$f_{A,\varphi/\theta}(A_t,\ \varphi_t/\theta)$

A'_{ct}，A'_{st} 和 A_t，φ_t 的关系如下

$$\begin{cases}A'_{ct}=h_1(A_t,\ \varphi_t)=A_t\cos\varphi_t\\ A'_{st}=h_2(A_t,\ \varphi_t)=A_t\sin\varphi_t\end{cases}\tag{5.14}$$

利用雅克比变换，$|\boldsymbol{J}|=A_t\geqslant 0$，便可得 A_t，φ_t 在给定θ 条件下的二维条件概率密度

$$f_{A,\varphi/\theta}(A_t,\ \varphi_t/\theta)=\frac{A_t}{2\pi\sigma^2}\exp\left\{-\frac{1}{2\sigma^2}\left[A_t^2+a^2-2aA_t\cos(\theta-\varphi_t)\right]\right\},$$

$$A_t\geqslant 0,\ 0\leqslant\varphi_t\leqslant 2\pi\tag{5.15}$$

3) 包络 $A(t)$的一维概率密度$f_A(A_t)$

对二维条件概率密度积分，得到边缘条件概率密度为

$$f(A_t/\theta)=\int_0^{2\pi}f_{A,\varphi/\theta}(A_t,\ \varphi_t/\theta)\mathrm{d}\varphi_t=\frac{A_t}{\sigma^2}I_0\left(\frac{aA_t}{\sigma^2}\right)\exp\left\{-\frac{A_t^2+a^2}{2\sigma^2}\right\},\quad A_t\geqslant 0$$

(5.16)

式(5.16)中，$I_0(\cdot)$ 是以“·”为参量的第一类零阶修正贝塞尔函数。由上式可见，$f(A_t/\theta)$ 与 θ 无关，就是无条件分布 $f_A(A_t)$。于是，可得随相余弦信号加窄带高斯噪声的包络 $A(t)$ 的一维概率密度为

$$f_A(A_t)=\frac{A_t}{\sigma^2}I_0\left(\frac{aA_t}{\sigma^2}\right)\exp\left\{-\frac{A_t^2+a^2}{2\sigma^2}\right\},\quad A_t\geqslant 0\tag{5.17}$$

式(5.17)为广义瑞利概率密度或莱斯概率密度，简称莱斯分布。当随相余弦信号不存在时，A_t 服从瑞利分布。a/σ 表示信号幅度与窄带噪声标准差之比，简称信噪比，记为 r。

将第一类零阶修正贝塞尔函数 $I_0(x)$ 展开成无穷级数为

$$I_0(x)=\sum_{n=0}^{\infty}\frac{x^{2n}}{2^{2n}(n!)^2}\tag{5.18}$$

当 $x\ll 1$ 时

$$I_0(x)=1+\frac{1}{4}x^2+\cdots\approx \mathrm{e}^{\frac{x^2}{4}}\approx 1\tag{5.19}$$

可见，当 $r\ll 1$ 时

$$f_A(A_t) \approx \frac{A_t}{\sigma^2}\exp\left\{-\frac{A_t^2}{2\sigma^2}\right\}, \quad A_t \geqslant 0 \tag{5.20}$$

这就是说，当信噪比很小时，包络 $A(t)$ 的一维概率密度趋近于瑞利分布。

当 $x \gg 1$ 时

$$I_0(x) \approx \frac{1}{\sqrt{2\pi x}}\mathrm{e}^x \tag{5.21}$$

可见，在大信噪比条件 $(r \gg 1)$ 下，包络 $A(t)$ 的一维概率密度为

$$f_A(A_t) \approx \sqrt{\frac{A_t}{2\pi a}}\,\frac{1}{\sigma}\exp\left\{-\frac{(A_t-a)^2}{2\sigma^2}\right\}, \quad A_t \geqslant 0 \tag{5.22}$$

从式(5.22)可见，此概率密度在 $A_t = a$ 处取最大值。当 A_t 偏离 a 时，它很快下降，且 $\sqrt{\frac{A_t}{2\pi a}}$ 改变的速度比 $\exp\left\{-\frac{(A_t-a)^2}{2\sigma^2}\right\}$ 的衰减速度要慢得多，特别是在 a 的附近，即当 A_t 偏离 a 很小时，可以近似地认为 $\sqrt{\frac{A_t}{2\pi a}} \approx \frac{1}{\sqrt{2\pi}}$。于是，$f_A(A_t)$ 可以近似为

$$f_A(A_t) \approx \frac{1}{\sqrt{2\pi}\sigma}\exp\left\{-\frac{(A_t-a)^2}{2\sigma^2}\right\}, \quad A_t \geqslant 0 \tag{5.23}$$

式(5.23)说明，在大信噪比的条件下，在 a 附近包络的一维概率密度近似为高斯分布。

以上推导出了包络 $A(t)$ 的一维概率密度函数，并得到了在大信噪比和小信噪比条件下它的近似式。

图 5.1 所示为不同信噪比条件下莱斯分布的图形。图 5.2 所示为相位 $\varphi(t)$ 的一维概率密度 $f_\varphi(\varphi_t/\theta)$。

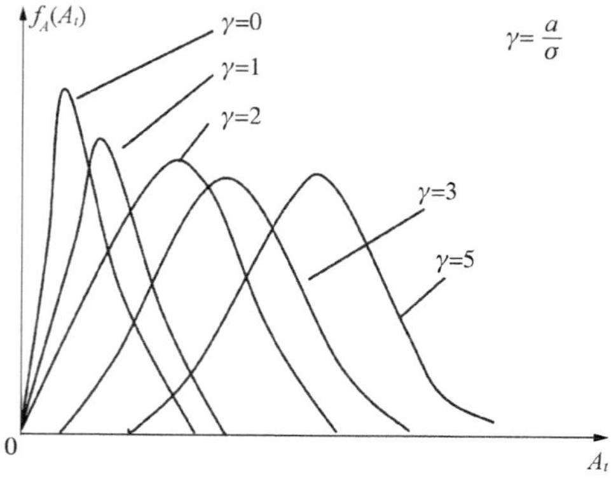

图 5.1　莱斯分布

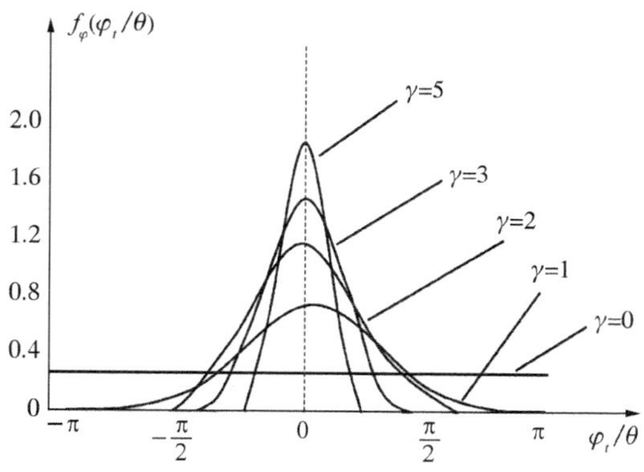

图 5.2　$f_\varphi(\varphi_t/\theta)$的分布

5.2 高斯分布估计值的方差下界

高斯分布估计值的最小方差下界可以根据估计式直接得到。例如，设估计式为 $a\frac{1}{N}\sum_{n=1}^{N}x(n)$，则它的最小方差表示为

$$\mathrm{var}(\hat{\theta})=\mathrm{var}\left[a\frac{1}{N}\sum_{n=1}^{N}x(n)\right]=a^2\frac{1}{N^2}\sum_{n=1}^{N}\mathrm{var}[x(n)]=\frac{a^2\sigma^2}{N^2} \tag{5.24}$$

为了使 $a\frac{1}{N}\sum_{n=1}^{N}x(n)$ 具有无偏特性，定义偏差为

$$\begin{aligned} b^2(\theta)&=[E(\hat{\theta})-\theta]^2=\left\{E\left[a\frac{1}{N}\sum_{n=1}^{N}x(n)\right]-\theta\right\}^2\\ &=\left\{a\frac{1}{N}\sum_{n=1}^{N}E[x(n)]-\theta\right\}^2=\left\{a\frac{1}{N}\sum_{n=1}^{N}E[x(n)]-\theta\right\}^2\\ &=(a\theta-\theta)^2=(a-1)^2\theta^2 \end{aligned} \tag{5.25}$$

综合式(5.24)与(5.25)，可以得到当 $a=1$ 时，估计子 $a\frac{1}{N}\sum_{n=1}^{N}x(n)$ 达到最小方差。

估计子的高斯分布是为了保证估计子只有一个极点。当估计子服从混合高斯分布且不存在单个极点时，谱估计性能下界并不一定总是存在。例如

$$x(0)\sim N(\theta,\ 1)$$

$$x[1]\sim\begin{cases}N(\theta,\ 1), & \text{if } \theta\geqslant 0\\ N(\theta,\ 2), & \text{if } \theta<0\end{cases}$$

$$\begin{aligned}\hat{\theta}_1&=\frac{1}{2}[x(0)+x(1)]\\ \hat{\theta}_2&=\frac{2}{3}x(0)+\frac{1}{3}x(1)\end{aligned} \tag{5.26}$$

$$\mathrm{var}(\hat{\theta}_1)=\frac{1}{4}\{\mathrm{var}[x(0)]+\mathrm{var}[x(1)]\}=\begin{cases}\frac{1}{4}(1+1)=\frac{18}{36}, & \theta\geqslant 0\\ \frac{1}{4}(1+2)=\frac{27}{36}, & \theta<0\end{cases} \tag{5.27}$$

当估计子具有高斯特性时，谱估计性能下界用克拉美罗界表示，定义如下：

令 $B(a)=E[\hat{a}(r)\mid a]-a$ 表示 $\hat{a}(r)$ 的有偏估计，$\hat{a}(r)$ 中，r 是测量值。则

$$\mathrm{MSE}=E[(\hat{a}(r)-a)^2|a]\geqslant\frac{\left[1+\frac{\partial}{\partial a}B(a)\right]^2}{E\left\{\left[\frac{\partial}{\partial a}\ln f(r|a)\right]^2\Big|a\right\}} \tag{5.28}$$

克拉美罗界(CRB)的分母被称为 Fisher 信息 $I(a)$。若 $B(a)=0$，则 CRB 的分子为 1。式(5.28)是克拉美罗界的理论计算式。

证明

$$B(a)=E[\hat{a}(r)-a|a]=\int_{-\infty}^{\infty}[\hat{a}(r)-a]f(r|a)\,\mathrm{d}r$$

$$\frac{\partial}{\partial a}B(a)=\int_{-\infty}^{\infty}[\hat{a}(r)-a]\frac{\partial}{\partial a}f(r|a)\,\mathrm{d}r-\underbrace{\int_{-\infty}^{\infty}f(r|a)\,\mathrm{d}r}_{=1}$$

$$1+\frac{\partial}{\partial a}B(a)=\int_{-\infty}^{\infty}[\hat{a}(r)-a]f(r|a)\frac{\partial}{\partial a}f(r|a)\frac{1}{f(r|a)}\mathrm{d}r \tag{5.29}$$

但是

$$\frac{\partial}{\partial a}\ln f(r|a)=\frac{\frac{\partial}{\partial a}f(r|a)}{f(r|a)}$$

$$1+\frac{\partial}{\partial a}B(a)=\int_{-\infty}^{\infty}[\hat{a}(r)-a]f(r|a)\frac{\partial}{\partial a}\ln f(r|a)\,\mathrm{d}r$$

$$\Rightarrow\left\{\int_{-\infty}^{\infty}[\hat{a}(r)-a]\sqrt{f(r|a)}\left[\frac{\partial}{\partial a}\ln f(r|a)\sqrt{f(r|a)}\right]\mathrm{d}r\right\}^2$$

$$=\left[1+\frac{\partial}{\partial a}B(a)\right]^2 \tag{5.30}$$

如果克拉美罗界推导比较困难，可以基于计算机用最大似然估计方法通过足够多次仿真进行估计，其前提条件是信噪比要大于 6 dB 以上。假设 a_{ML} 是基于无偏估计 r 对未知数 a 的最大似然估计，估计值服从高斯分布 $f(r\mid a)$。基于无偏估计假设，存在 $\frac{\partial}{\partial a}\ln f(r\mid a)\Big|_{a=\hat{a}_{ML}}=0$，即 $\hat{a}_{ML}=r$。根据高斯分布假设，存在 $\frac{\partial}{\partial a}\ln f(r\mid a)=\frac{1}{\sigma^2}(a-\hat{a}_{ML})$。按照克拉美罗界公式

$$I(a)=E\left\{\left[\frac{\partial}{\partial a}\ln f(r\mid a)\right]^2\Big|a\right\}=E\left\{\left[\frac{1}{\sigma^2}(a-r)\right]^2\right\}=\frac{1}{\sigma^4}\sigma^2=\frac{1}{\sigma^2}$$

$$\mathrm{CRB}=\frac{1}{I(a)}=\sigma^2=\mathrm{var}(\hat{a}_{ML}) \tag{5.31}$$

为保证方差估计在 $100(1-\alpha)\%$ 内不超过 ξ。当 $Pr\{|e|>\xi\}\leqslant\alpha$ 或 $2Pr\{e>\xi\}\leqslant\alpha$ 时，得到实验次数 M 应满足

$$M\geqslant\frac{[Q^{-1}(\alpha/2)]^2(1-P)}{\xi^2 P} \tag{5.32}$$

式(5.32)中，α 代表置信度门限，P 代表单次实验时参数被检测到的理论概率，$Q^{-1}(\cdot)$ 代表高斯右尾函数的倒数。

式(5.28)是克拉美罗界的一种表现形式，为了方便应用，给出了克拉美罗界的另外两种计算形式。根据式(5.28)，可以得到

$$\begin{aligned}E\left\{\left[\frac{\partial}{\partial a}\ln f(r\mid a)\right]^2\mid a\right\}&=\int\left\{\left[\frac{\partial}{\partial a}\ln f(r\mid a)\right]^2\mid a\right\}f(r\mid a)\mathrm{d}r\\&=\int\left[\frac{\partial}{\partial a}\ln f(r\mid a)\frac{\partial}{\partial a}\ln f(r\mid a)\mid a\right]f(r\mid a)\mathrm{d}r\\&=\int\left[\frac{\partial}{\partial a}\ln f(r\mid a)\frac{1}{f(r\mid a)}\frac{\partial f(r\mid a)}{\partial a}\mid a\right]f(r\mid a)\mathrm{d}r\\&=\int\left[\frac{\partial}{\partial a}\ln f(r\mid a)\frac{\partial f(r\mid a)}{\partial a}\mid a\right]\mathrm{d}r\end{aligned} \tag{5.33}$$

因为

$$E\left\{\left[\frac{\partial}{\partial a}\ln f(r\mid a)\right]\mid a\right\}=\int\left\{\left[\frac{\partial}{\partial a}\ln f(r\mid a)\right]\mid a\right\}f(r\mid a)\mathrm{d}r=0 \tag{5.34}$$

所以

$$\begin{aligned}&\frac{\partial\int\left\{\left[\frac{\partial}{\partial a}\ln f(r\mid a)\right]\mid a\right\}f(r\mid a)\mathrm{d}r}{\partial a}=0\\&\Rightarrow\int\left\{\left[\frac{\partial^2\ln f(r\mid a)}{\partial a^2}\right]\mid a\right\}f(r\mid a)\mathrm{d}r+\int\left\{\left[\frac{\partial}{\partial a}\ln f(r\mid a)\right]\mid a\right\}\frac{\partial f(r\mid a)}{\partial a}\mathrm{d}r=0\end{aligned} \tag{5.35}$$

得到

$$E\left\{\left[\frac{\partial}{\partial a}\ln f(r\mid a)\right]^2\mid a\right\}=-E\left\{\left[\frac{\partial^2\ln f(r\mid a)}{\partial a^2}\right]\mid a\right\} \tag{5.36}$$

为了简便，有时会写成

$$E\left\{\left[\frac{\partial}{\partial a}\ln f(r \mid a)\right]^2 \mid a\right\}=-E\left\{\left[\frac{\partial^2 \ln f(r \mid a)}{\partial a^2}\right] \mid a\right\}=-E\left\{\frac{\partial^2 \ln f(r; a)}{\partial a^2}\right\} \tag{5.37}$$

式(5.37)是克拉美罗界信息阵的第二种计算形式。用式(5.28)与(5.37)计算信息阵时，假设 r 为估计子且不要求信号模型确切已知。当信号形式确切已知时，可以利用信号形式计算克拉美罗界信息阵。设 $s(n;\theta)$ 为已知信号模型，$p(x;\theta)$ 是获取的数据模型，属于高斯分布，则有

$$E\left[\frac{\partial^2 \ln p(x;\theta)}{\partial \theta^2}\right]=-\frac{1}{\sigma^2}\sum_{n=0}^{N-1}\left[\frac{\partial s(n;\theta)}{\partial \theta}\right]^2$$

$$\operatorname{var}(\hat{\theta}) \geqslant \frac{\sigma^2}{\sum_{n=0}^{N-1}\left[\frac{\partial s(n;\theta)}{\partial \theta}\right]^2} \tag{5.38}$$

证明

$$p(x;\theta)=\frac{1}{(2\pi\sigma^2)^{\frac{N}{2}}}\exp\left\{-\frac{1}{2\sigma^2}\sum_{n=0}^{N-1}[x(n)-s(n;\theta)]\right\}$$

$$\frac{\partial \ln p(x;\theta)}{\partial \theta}=\frac{1}{\sigma^2}\sum_{n=0}^{N-1}[x(n)-s(n;\theta)]\frac{\partial s(n;\theta)}{\partial \theta}$$

$$\frac{\partial^2 \ln p(x;\theta)}{\partial \theta^2}=\frac{1}{\sigma^2}\sum_{n=0}^{N-1}\left\{[x(n)-s(n;\theta)]\frac{\partial^2 s(n;\theta)}{\partial \theta^2}-\left[\frac{\partial s(n;\theta)}{\partial \theta}\right]^2\right\}$$

$$\begin{aligned}E\left\{\frac{\partial^2 \ln p(x;\theta)}{\partial \theta^2}\right\}&=\frac{1}{\sigma^2}\sum_{n=0}^{N-1}\left\{E\{[x(n)-s(n;\theta)]\}\frac{\partial^2 s(n;\theta)}{\partial \theta^2}-\left[\frac{\partial s(n;\theta)}{\partial \theta}\right]^2\right\}\\&=-\frac{1}{\sigma^2}\sum_{n=0}^{N-1}\left[\frac{\partial s(n;\theta)}{\partial \theta}\right]^2\end{aligned} \tag{5.39}$$

对于相关图，也能用 CRB 表示。Fisher 信息的元素近似为(当 $N \to \infty$)

$$[\boldsymbol{I}(\theta)]_{ij}=\frac{N}{2}\int_{-\frac{1}{2}}^{\frac{1}{2}}\frac{\partial \ln P_{xx}(f;\theta)}{\partial \theta_i}\frac{\partial \ln P_{xx}(f;\theta)}{\partial \theta_j}\mathrm{d}f \tag{5.40}$$

式(5.40)中，$P_{xx}(f;\theta)$ 是过程的 PSD，显示了对 θ 的依赖性。为了证明(5.40)，根据 CRB 的原定义计算。

设 $\boldsymbol{x}=\boldsymbol{H}\boldsymbol{u}$，则

$$\ln p(x;\theta)=\frac{N}{2}\ln(2\pi)-\frac{N}{2}\ln(\sigma_u^2)-\frac{1}{2\sigma_u^2}\boldsymbol{u}^{\mathrm{T}}\boldsymbol{u} \tag{5.41}$$

$$\begin{aligned}\ln(\sigma_u^2) &= \int_{-\frac{1}{2}}^{\frac{1}{2}} \ln(\sigma_u^2)\mathrm{d}f = \int_{-\frac{1}{2}}^{\frac{1}{2}} \ln\left[\frac{P_{xx}(f)}{|H(f)|^2}\right] \\ &= \int_{-\frac{1}{2}}^{\frac{1}{2}} \ln P_{xx}(f)\mathrm{d}f - \int_{-\frac{1}{2}}^{\frac{1}{2}} \ln|H(f)|^2\mathrm{d}f\end{aligned} \tag{5.42}$$

这里设 $H(f)$ 为线性滤波器，则 $H(f)$ 的零点关于单位圆对称，即 $|H(f)|^2$ 是在 1 两边镜像对称，于是有

$$\int_{-\frac{1}{2}}^{\frac{1}{2}} \ln|H(f)|^2\mathrm{d}f = 0 \tag{5.43}$$

$$\frac{1}{\sigma_u^2}\boldsymbol{u}^{\mathrm{T}}\boldsymbol{u} = \int_{-\frac{1}{2}}^{\frac{1}{2}} \frac{|X(f)|^2}{\sigma_u^2|H(f)|^2}\mathrm{d}f = \int_{-\frac{1}{2}}^{\frac{1}{2}} \frac{|X(f)|^2}{P_{xx}(f)}\mathrm{d}f \tag{5.44}$$

$$\ln p(x;\theta) = \frac{N}{2}\ln(2\pi) - \frac{N}{2}\int_{-\frac{1}{2}}^{\frac{1}{2}} \ln P_{xx}(f)\mathrm{d}f - \frac{1}{2}\int_{-\frac{1}{2}}^{\frac{1}{2}} \frac{|X(f)|^2}{P_{xx}(f)}\mathrm{d}f \tag{5.45}$$

式(5.45)中，$|X(f)|^2$ 对应的是 $\boldsymbol{x}\boldsymbol{x}^{\mathrm{T}} = |\boldsymbol{x}|^2$。

令

$$\ln p(x;\theta) = \frac{N}{2}\ln(2\pi) - \frac{N}{2}\int_{-\frac{1}{2}}^{\frac{1}{2}} \ln P_{xx}(f)\mathrm{d}f - \frac{N}{2}\int_{-\frac{1}{2}}^{\frac{1}{2}} \frac{\frac{1}{N}|X(f)|^2}{P_{xx}(f)}\mathrm{d}f \tag{5.46}$$

式(5.46)中 $\frac{1}{N}|X(f)|^2$ 对应的是周期图，$P_{xx}(f)$ 对应的是相关图，于是

$$\begin{aligned}\ln p(x;\theta) &= \frac{N}{2}\ln(2\pi) - \frac{N}{2}\int_{-\frac{1}{2}}^{\frac{1}{2}} \ln P_{xx}(f)\mathrm{d}f - \frac{N}{2}\int_{-\frac{1}{2}}^{\frac{1}{2}} \frac{\frac{1}{N}|X(f)|^2}{P_{xx}(f)}\mathrm{d}f \\ &= \frac{N}{2}\ln(2\pi) - \frac{N}{2}\int_{-\frac{1}{2}}^{\frac{1}{2}} \left[\ln P_{xx}(f) + \frac{\frac{1}{N}|X(f)|^2}{P_{xx}(f)}\right]\mathrm{d}f\end{aligned} \tag{5.47}$$

一阶偏导数为

$$\frac{\partial}{\partial\theta_i}\ln p(x;\theta) = -\frac{N}{2}\frac{\partial}{\partial\theta_i}\int_{-\frac{1}{2}}^{\frac{1}{2}} \left[\ln P_{xx}(f) + \frac{\frac{1}{N}|X(f)|^2}{P_{xx}(f)}\right]\mathrm{d}f$$

$$=-\frac{N}{2}\int_{-\frac{1}{2}}^{\frac{1}{2}}\left[\frac{1}{P_{xx}(f)}-\frac{\frac{1}{N}|X(f)|^2}{P_{xx}{}^2(f)}\right]\frac{\partial P_{xx}(f)}{\partial\theta_i}\mathrm{d}f \quad (5.48)$$

二阶偏导数为

$$\frac{\partial^2}{\partial\theta_i\partial\theta_j}\ln p(x;\theta)=-\frac{N}{2}\frac{\partial}{\partial\theta_j}\int_{-\frac{1}{2}}^{\frac{1}{2}}\left[\frac{1}{P_{xx}(f)}-\frac{\frac{1}{N}|X(f)|^2}{P_{xx}{}^2(f)}\right]\frac{\partial P_{xx}(f)}{\partial\theta_i}\mathrm{d}f$$

$$=-\frac{N}{2}\int_{-\frac{1}{2}}^{\frac{1}{2}}\left[\frac{1}{P_{xx}(f)}-\frac{\frac{1}{N}|X(f)|^2}{P_{xx}{}^2(f)}\right]\left(\frac{\partial^2 P_{xx}(f)}{\partial\theta_i\partial\theta_j}\right)$$

$$+\left[-\frac{1}{P_{xx}{}^2(f)}+\frac{\frac{2}{N}|X(f)|^2}{P_{xx}{}^3(f)}\right]\frac{\partial P_{xx}(f)}{\partial\theta_i}\frac{\partial P_{xx}(f)}{\partial\theta_j}\mathrm{d}f$$

(5.49)

根据非参数化的分析结果，有 $E\left[\frac{1}{N}|X(f)|^2\right]=E(P_{xx}(f))$，于是

$$\frac{\partial^2}{\partial\theta_i\partial\theta_j}\ln p(x;\theta)=-\frac{N}{2}\int_{-\frac{1}{2}}^{\frac{1}{2}}\left[\frac{1}{P_{xx}(f)}-\frac{1}{P_{xx}(f)}\right]\left[\frac{\partial^2 P_{xx}(f)}{\partial\theta_i\partial\theta_j}\right]$$

$$+\left[-\frac{1}{P_{xx}{}^2(f)}+\frac{2}{P_{xx}{}^2(f)}\right]\frac{\partial P_{xx}(f)}{\partial\theta_i}\frac{\partial P_{xx}(f)}{\partial\theta_j}\mathrm{d}f$$

$$=-\frac{N}{2}\int_{-\frac{1}{2}}^{\frac{1}{2}}\left[\frac{1}{P_{xx}{}^2(f)}\right]\frac{\partial P_{xx}(f)}{\partial\theta_i}\frac{\partial P_{xx}(f)}{\partial\theta_j}\mathrm{d}f$$

$$=-\frac{N}{2}\int_{-\frac{1}{2}}^{\frac{1}{2}}\frac{\partial\ln P_{xx}(f)}{\partial\theta_i}\frac{\partial\ln P_{xx}(f)}{\partial\theta_j}\mathrm{d}f \quad (5.50)$$

对于 $k=1, 2, \cdots, p; l=1, 2, \cdots, p$，从式(5.40)可以得到

$$[\boldsymbol{I}(\theta)]_{kl}=\frac{N}{2}\int_{-\frac{1}{2}}^{\frac{1}{2}}\frac{1}{|A(f)|^4}[A(f)\exp(\mathrm{j}2\pi fk)+A^*(f)\exp(-\mathrm{j}2\pi fk)]$$

$$\cdot[A(f)\exp(\mathrm{j}2\pi fl)+A^*(f)\exp(-\mathrm{j}2\pi fl)]\mathrm{d}f$$

$$=\frac{N}{2}\int_{-\frac{1}{2}}^{\frac{1}{2}}\frac{1}{[A^*(f)]^2}\exp[\mathrm{j}2\pi f(k+l)]+\frac{1}{|A(f)|^2}\exp[\mathrm{j}2\pi f(k-l)]$$

$$+\frac{1}{|A(f)|^2}\exp[\mathrm{j}2\pi f(l-k)]+\frac{1}{A^2(f)}\exp[-\mathrm{j}2\pi f(k+l)]\mathrm{d}f$$

(5.51)

因为 $\int_{0}^{\frac{1}{2}} \frac{1}{[A^*(f)]^2}\exp[j2\pi f(k+l)]df = \int_{-\frac{1}{2}}^{0} \frac{1}{A^2(f)^2}\exp[j2\pi f(-k-l)]df$，有

$$\int_{-\frac{1}{2}}^{\frac{1}{2}} \frac{1}{[A^*(f)]^2}\exp[j2\pi f(k+l)]df = \int_{-\frac{1}{2}}^{\frac{1}{2}} \frac{1}{A^2(f)}\exp[-j2\pi f(k+l)]df$$
$$\int_{-\frac{1}{2}}^{\frac{1}{2}} \frac{1}{|A(f)|^2}\exp[j2\pi f(k-l)]df = \int_{-\frac{1}{2}}^{\frac{1}{2}} \frac{1}{|A(f)|^2}\exp[j2\pi f(l-k)]df \tag{5.52}$$

因为 $A(f) = \sum_n h(n)e^{-j2\pi fn}$，$n \geqslant 0$，所以

$$\frac{1}{A^*(f)} = (\sum_n h(n)e^{-j2\pi fn})^*, \quad n \geqslant 0$$
$$\Rightarrow h^*(n) = \left[\int \frac{1}{A(f)}e^{j2\pi fn}\right]^* df = \int \frac{1}{A^*(f)}e^{j2\pi f(-n)}df \tag{5.53}$$

$h(n)$（或 $h^*(n)$）为因果系统，则 $\int \frac{1}{A^*(f)}e^{j2\pi f(-n)}df$ 中，当 $n \geqslant 0$ 时，即 $-n < 0$ 时，$\int \frac{1}{A^*(f)}e^{j2\pi f(-n)}df \neq 0$。针对公式

$$[I(\theta)]_{kl} = N\int_{-\frac{1}{2}}^{\frac{1}{2}} \frac{1}{|A(f)|^2}\exp[j2\pi f(k-l)]df + N\int_{-\frac{1}{2}}^{\frac{1}{2}} \frac{1}{[A^*(f)]^2}\exp[j2\pi f(k+l)]df \tag{5.54}$$

式(5.54)中，$k+l \geqslant 0$，所以有

$$[I(\theta)]_{kl} = N\int_{-\frac{1}{2}}^{\frac{1}{2}} \frac{1}{|A(f)|^2}\exp[j2\pi f(k-l)]df \tag{5.55}$$

例 5.1 高斯白噪声下的一维参数估计。

考虑如下的多重观察

$$x(n) = A + w(n), \quad n = 0, 1, \cdots, N-1 \tag{5.56}$$

式(5.56)中，$w(n)$ 为方差 σ^2 的 WGN。为了确定 A 的 CRLB，由

$$p(x; A) = \prod_{n=0}^{N-1} \frac{1}{\sqrt{2\pi\sigma^2}}\exp\left[-\frac{1}{2\sigma^2}(x(n)-A)^2\right] = \frac{1}{(2\pi\sigma^2)^{\frac{N}{2}}}\exp\left[-\frac{1}{2\sigma^2}\sum_{n=0}^{N-1}(x(n)-A)^2\right] \tag{5.57}$$

取对数似然函数，有

$$\ln p(x;A)=\ln\left\{\frac{1}{(2\pi\sigma^2)^{\frac{N}{2}}}\exp\left[-\frac{1}{2\sigma^2}\sum_{n=0}^{N-1}(x(n)-A)^2\right]\right\}$$
$$=-\frac{N}{2}\ln(2\pi\sigma^2)-\frac{1}{2\sigma^2}\sum_{n=0}^{N-1}(x(n)-A)^2 \tag{5.58}$$

再取一阶导数，有

$$\frac{\partial\ln p(x;A)}{\partial A}=\frac{\partial}{\partial A}\left[-\ln[(2\pi\sigma^2)^{\frac{N}{2}}]-\frac{1}{2\sigma^2}\sum_{n=0}^{N-1}(x(n)-A)^2\right]$$
$$=\frac{1}{\sigma^2}\sum_{n=0}^{N-1}(x(n)-A)=\frac{N}{\sigma^2}(\bar{x}-A) \tag{5.59}$$

式(5.59)中，$\bar{x}$ 是样本均值。再次求导

$$\frac{\partial^2\ln p(x;A)}{\partial A^2}=-\frac{N}{\sigma^2} \tag{5.60}$$

根据克拉美罗界的定义，由

$$\mathrm{var}(\hat{A})\geqslant\frac{-1}{\frac{\partial^2\ln p(x;A)}{\partial A^2}} \tag{5.61}$$

注意二阶导数是一个常量，可以从下式得到

$$\mathrm{var}(\hat{A})\geqslant\frac{\sigma^2}{N} \tag{5.62}$$

例 5.2 余弦信号的相位估计。

对嵌入 WGN 中的正弦曲线的相位 ϕ 进行估计

$$x(n)=A\cos(2\pi f_0 n+\phi)+w(n),\quad n=0,1,\cdots,N-1 \tag{5.63}$$

$$p(x;\phi)=\frac{1}{(2\pi\sigma^2)^{\frac{N}{2}}}\exp\left\{-\frac{1}{2\sigma^2}\sum_{n=0}^{N-1}[x(n)-A\cos(2\pi f_0 n+\phi)]^2\right\} \tag{5.64}$$

取对数似然函数并求微分，得

$$\frac{\partial\ln p(x;\phi)}{\partial\phi}=-\frac{1}{\sigma^2}\sum_{n=0}^{N-1}[x(n)-A\cos(2\pi f_0 n+\phi)]A\sin(2\pi f_0)$$
$$=-\frac{A}{\sigma^2}\sum_{n=0}^{N-1}\left[x(n)\sin(2\pi f_0 n+\phi)-\frac{A}{2}\sin(4\pi f_0 n+2\phi)\right] \tag{5.65}$$

且

$$\frac{\partial^2 \ln p(x;\phi)}{\partial \phi^2} = -\frac{A}{\sigma^2}\sum_{n=0}^{N-1}[x(n)\cos(2\pi f_0 n+\phi) - A\cos(4\pi f_0 n + 2\phi)] \tag{5.66}$$

取负期望值，得到

$$\begin{aligned} -E\left[\frac{\partial^2 \ln p(x;\phi)}{\partial \phi^2}\right] &= \frac{A}{\sigma^2}\sum_{n=0}^{N-1}[A\cos^2(2\pi f_0 n+\phi) - A\cos(4\pi f_0 n + 2\phi)] \\ &= \frac{A^2}{\sigma^2}\sum_{n=0}^{N-1}\left[\frac{1}{2}+\frac{1}{2}\cos(4\pi f_0 n + 2\phi) - \cos(4\pi f_0 n + 2\phi)\right] \\ &\approx \frac{NA^2}{2\sigma^2} \end{aligned} \tag{5.67}$$

例 5.3 高斯白噪声下的多维参数估计。

考虑如下多重观察

$$x(n) = A + w(n),\quad n=0,1,\cdots,N-1 \tag{5.68}$$

式(5.68)中，$w(n)$ 是方差为 σ^2 的 WGN。幅度和噪声的 CRLB 为

$$\boldsymbol{I}(\theta) = \begin{bmatrix} -E\left[\frac{\partial^2 \ln p(x;\theta)}{\partial A^2}\right] & -E\left[\frac{\partial^2 \ln p(x;\theta)}{\partial A\partial \sigma}\right] \\ -E\left[\frac{\partial^2 \ln p(x;\theta)}{\partial \sigma \partial A}\right] & -E\left[\frac{\partial^2 \ln p(x;\theta)}{\partial \sigma^2}\right] \end{bmatrix} \tag{5.69}$$

取对数似然函数，有

$$\ln p(x;\theta) = -\frac{N}{2}\ln 2\pi - \frac{N}{2}\ln\sigma^2 - \frac{1}{2\sigma^2}\sum_{n=0}^{N-1}(x(n)-A)^2 \tag{5.70}$$

易得各阶导数为

$$\frac{\partial \ln p(x;\theta)}{\partial A} = \frac{1}{\sigma^2}\sum_{n=0}^{N-1}(x(n)-A)$$

$$\frac{\partial \ln p(x;\theta)}{\partial \sigma^2} = -\frac{N}{2\sigma^2} + \frac{1}{2\sigma^2}\sum_{n=0}^{N-1}(x(n)-A)^2$$

$$\frac{\partial^2 \ln p(x;\theta)}{\partial A^2} = \frac{N}{\sigma^2}$$

$$\frac{\partial^2 \ln p(x;\theta)}{\partial A\partial\sigma} = -\frac{1}{\sigma^4}\sum_{n=0}^{N-1}(x(n)-A)$$

$$\frac{\partial^2 \ln p(x;\theta)}{\partial \sigma^2} = \frac{N}{2\sigma^4} - \frac{1}{\sigma^6}\sum_{n=0}^{N-1}(x(n)-A)^2$$

取负期望值后，Fisher 信息矩阵变为

$$\boldsymbol{I}(\theta)=\begin{bmatrix}\dfrac{N}{\sigma^2} & 0\\ 0 & \dfrac{N}{2\sigma^4}\end{bmatrix} \tag{5.71}$$

虽然在一般情况下不正确，但对于本例，Fisher 信息矩阵是对角的，因此很容易反转得到

$$\operatorname{var}(\hat{A})\geqslant\frac{\sigma^2}{N}$$

$$\operatorname{var}(\hat{\sigma}^2)\geqslant\frac{2\sigma^4}{N}$$

考虑 A 和 σ^2 未知式 WGN 中的直流分量。估计

$$\alpha=\frac{A^2}{\sigma^2}$$

因此

$$\frac{\partial\boldsymbol{g}(\theta)}{\partial\theta}\boldsymbol{I}^{-1}(\theta)\frac{\partial\boldsymbol{g}(\theta)^{\mathrm{T}}}{\partial\theta}=\begin{bmatrix}\dfrac{2A}{\sigma^2} & -\dfrac{A^2}{\sigma^4}\end{bmatrix}\begin{bmatrix}\dfrac{\sigma^2}{N} & 0\\ 0 & \dfrac{2\sigma^2}{N}\end{bmatrix}\begin{bmatrix}\dfrac{2A}{\sigma^2}\\ -\dfrac{A^2}{\sigma^4}\end{bmatrix}$$

$$=\frac{4A^2}{N\sigma^2}+\frac{2A^4}{N\sigma^4}=\frac{4\alpha+2\alpha^2}{N} \tag{5.72}$$

例 5.4 时延估计的方差下限估计。

设

$$\operatorname{var}(\hat{\tau}_0)\geqslant\frac{\sigma^2}{\sum\limits_{n=0}^{N-1}\left[\dfrac{\partial s[n;\tau_0]}{\partial\tau_0}\right]^2}=\frac{\sigma^2}{\sum\limits_{n=n_0}^{n_0+M-1}\left[\dfrac{\partial s(n\Delta-\tau_0)}{\partial\tau_0}\right]^2}=\frac{\sigma^2}{\sum\limits_{n=n_0}^{n_0+M-1}\left[\dfrac{\mathrm{d}s(t)}{\mathrm{d}t}\bigg|_{t=n\Delta-\tau_0}\right]^2} \tag{5.73}$$

令 $\tau_0=n_0\Delta$，于是有

$$\frac{\sigma^2}{\sum\limits_{n=n_0}^{n_0+M-1}\left[\dfrac{\mathrm{d}s(t)}{\mathrm{d}t}\bigg|_{t=n\Delta-\tau_0}\right]^2}=\frac{\sigma^2}{\sum\limits_{n=0}^{M-1}\left[\dfrac{\mathrm{d}s(t)}{\mathrm{d}t}\bigg|_{t=n\Delta}\right]^2}$$

$$= \frac{\sigma^2}{\frac{1}{\Delta}\sum_{n=0}^{M-1}\left[\frac{\mathrm{d}s(t)}{\mathrm{d}t}\Big|_{t=n\Delta}\right]^2\Delta}$$

$$\approx \frac{\sigma^2}{\frac{1}{\Delta}\int_0^{\mathrm{T}}\left[\frac{\mathrm{d}s(t)}{\mathrm{d}t}\right]^2\mathrm{d}t} \tag{5.74}$$

式(5.72)中，$\Delta\sigma^2 = N_0 B$ 是采样间隔。根据奈奎斯特采样定理，令 $\Delta = \frac{1}{2B}$，则有

$$\operatorname{var}(\tau_0) \geqslant \frac{N_0/2}{\int_0^{\mathrm{T}}\left[\frac{\mathrm{d}s(t)}{\mathrm{d}t}\right]^2\mathrm{d}t} = \frac{N_0/2}{(2\pi)^2\int_{-\infty}^{\infty} f^2 |S(f)|^2 \mathrm{d}f}$$

例 5.5 正弦信号的多维参数估计。

设 $x(n) = A\cos(2\pi f_0 n + \phi) + w(n)$

$$[\boldsymbol{I}(\theta)]_{11} = \frac{1}{\sigma^2}\sum_{n=0}^{N-1}\cos^2\alpha = \frac{1}{\sigma^2}\sum_{n=0}^{N-1}\left(\frac{1}{2}+\frac{1}{2}\cos 2\alpha\right) \approx \frac{N}{2\sigma^2} \tag{5.75}$$

$$[\boldsymbol{I}(\theta)]_{12} = -\frac{1}{\sigma^2}\sum_{n=0}^{N-1} A 2\pi n\cos\alpha\ \sin\alpha = -\frac{\pi A}{\sigma^2}\sum_{n=0}^{N-1} n\sin 2\alpha \approx 0 \tag{5.76}$$

式(5.76)中，$\alpha \triangleq 2\pi f_0 n + \phi$，$[\boldsymbol{I}(\theta)]_{ij} = \frac{1}{\sigma^2}\sum_{n=0}^{N-1}\frac{\partial s(n;\theta)}{\partial\theta_i}\cdot\frac{\partial s(n;\theta)}{\partial\theta_j}$

$$[\boldsymbol{I}(\theta)]_{13} = -\frac{1}{\sigma^2}\sum_{n=0}^{N-1} A\cos\alpha\ \sin\alpha = -\frac{A}{2\sigma^2}\sum_{n=0}^{N-1}\sin 2\alpha \approx 0$$

$$[\boldsymbol{I}(\theta)]_{22} = -\frac{1}{\sigma^2}\sum_{n=0}^{N-1} A^2(2\pi n)^2\sin^2\alpha = \frac{(2\pi A)^2}{\sigma^2}\sum_{n=0}^{N-1} n^2\left(\frac{1}{2}-\frac{1}{2}\cos 2\alpha\right) \approx \frac{(2\pi A)^2}{2\sigma^2}\sum_{n=0}^{N-1} n^2$$

$$[\boldsymbol{I}(\theta)]_{23} = \frac{1}{\sigma^2}\sum_{n=0}^{N-1} A^2 2\pi n\sin^2\alpha \approx \frac{\pi A^2}{\sigma^2}\sum_{n=0}^{N-1} n$$

$$[\boldsymbol{I}(\theta)]_{33} = \frac{1}{\sigma^2}\sum_{n=0}^{N-1} A^2\sin^2\alpha \approx \frac{NA^2}{2\sigma^2}$$

Fisher 信息矩阵变为

$$\operatorname{var}(\hat{A}) \geqslant \frac{2\sigma^2}{N}$$

$$\operatorname{var}(\hat{f}_0) \geqslant \frac{12}{(2\pi)^2\eta N(N^2-1)}$$

$$\operatorname{var}(\hat{\phi}) \geqslant \frac{2(2N-1)}{\eta N(N+1)}$$

上述不等式中，$\eta \triangleq A^2/(2\sigma^2)$ 定义为信噪比。

例 5.6 空间谱估计。

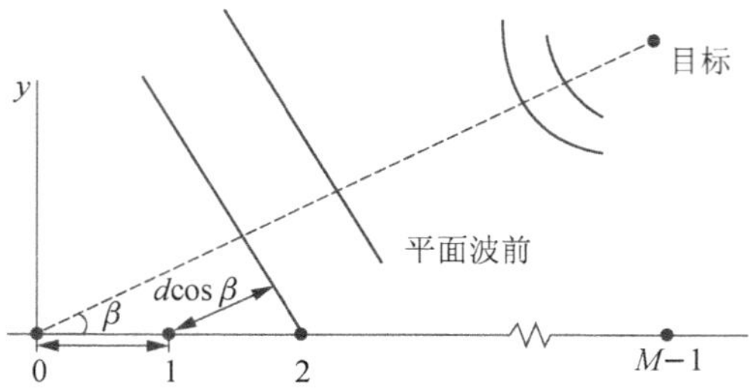

图 5.3 雷达波动传播与反射模型

雷达波动传播与发射的基本模型如图 5.3 所示。假设传感器输出高斯白噪声，信号模型为 $x(n)=A\cos(2\pi f_0 n+\phi)+w(n)$，对应于

$$x(n)=A\cos\left[2\pi\left(F_0\frac{d}{c}\cos\beta\right)n+\phi\right]+w(n) \tag{5.77}$$

根据 $\dfrac{\partial \boldsymbol{g}(\theta)}{\partial\theta}\boldsymbol{I}^{-1}(\theta)\dfrac{\partial \boldsymbol{g}(\theta)^{\mathrm{T}}}{\partial\theta}$ 公式，于是有

$$\frac{\partial \boldsymbol{g}(\boldsymbol{\theta})}{\partial\boldsymbol{\theta}}=\begin{bmatrix}1 & 0 & 0\\ 0 & -\dfrac{c}{F_0 d\sin\beta} & 0\\ 0 & 0 & 1\end{bmatrix} \tag{5.78}$$

式(5.78)中，$\boldsymbol{\theta}=[A,\ f_0,\ \phi]$，$\boldsymbol{g}(\theta)=[A,\ \beta,\ \phi]$，$f_0=F_0\dfrac{d}{c}\cos\beta\Rightarrow\beta=a\cos\left(\dfrac{cf_0}{F_0 d}\right)$，

$\boldsymbol{g}(\theta)=[A,\ \beta,\ \phi]=\left[A,\ a\cos\left(\dfrac{cf_0}{F_0 d}\right),\ \phi\right]$，$(\arccos x)'=-1\Big/\sqrt{(1-x^2)}$，有

$$\frac{\partial \boldsymbol{g}(\theta)}{\partial f_0}=\left[0,\ \frac{\partial}{\partial f_0}a\cos\left(\frac{cf_0}{F_0 d}\right),\ 0\right]=\left[0,\ \frac{1}{\sqrt{1-\left(\dfrac{cf_0}{F_0 d}\right)^2}}\frac{c}{F_0 d},\ 0\right]$$

$$=\left[0,\ \frac{1}{\sqrt{1-(\cos\beta)^2}}\frac{c}{F_0 d},\ 0\right]=\left[0,\ \frac{c}{F_0 d\sin\beta},\ 0\right]$$

$$\operatorname{var}(\beta)\geqslant\begin{bmatrix}1 & 0 & 0\\ 0 & \dfrac{c}{F_0 d\sin\beta} & 0\\ 0 & 0 & 1\end{bmatrix}\left[\quad\frac{12}{(2\pi)^2\eta M(M-1)}\quad\right]\begin{bmatrix}1 & 0 & 0\\ 0 & \dfrac{c}{F_0 d\sin\beta} & 0\\ 0 & 0 & 1\end{bmatrix}$$

$$=\left(\frac{c}{F_0 d\sin\beta}\right)^2\frac{12}{(2\pi)^2\eta M(M^2-1)}$$

$$=\left(\frac{c}{F_0\sin\beta}\right)^2\frac{12}{(2\pi)^2\eta M\dfrac{M+1}{M-1}[(M-1)d]^2}$$

在上述估计中，假设用一般性模型 $x(n)=\sum_{k=0}^{p-1}h(k)u(n-k)+w(n)$，展开为

$$\boldsymbol{x}=\underbrace{\begin{bmatrix}u(0) & 0 & \cdots & 0\\ u(1) & u(0) & \cdots & 0\\ \vdots & \vdots & & \vdots\\ u(N-1) & u(N-2) & \cdots & u(N-p)\end{bmatrix}}_{H}\underbrace{\begin{bmatrix}h(0)\\ h(1)\\ \vdots\\ h(p-1)\end{bmatrix}}_{\theta}+\boldsymbol{w}$$

根据最小二乘原理，$\hat{\boldsymbol{\theta}}=(\boldsymbol{H}^{\mathrm{T}}\boldsymbol{H})^{-1}\boldsymbol{H}^{\mathrm{T}}\boldsymbol{x}$，$\boldsymbol{C}_{\hat{\theta}}=\sigma^2(\boldsymbol{H}^{\mathrm{T}}\boldsymbol{H})^{-1}$。设 $\boldsymbol{x}=\boldsymbol{H\theta}+\boldsymbol{w}$，于是有

$$\begin{aligned}\frac{\partial\ln p(\boldsymbol{x};\boldsymbol{\theta})}{\partial\boldsymbol{\theta}}&=\frac{\partial}{\partial\boldsymbol{\theta}}\left[-\ln(2\pi\sigma^2)^{\frac{N}{2}}-\frac{1}{2\sigma^2}(\boldsymbol{x}-\boldsymbol{H\theta})^{\mathrm{T}}(\boldsymbol{x}-\boldsymbol{H\theta})\right]\\&=-\frac{1}{2\sigma^2}\frac{\partial}{\partial\boldsymbol{\theta}}(\boldsymbol{x}^{\mathrm{T}}\boldsymbol{x}-2\boldsymbol{x}^{\mathrm{T}}\boldsymbol{H}\theta+\boldsymbol{\theta}^{\mathrm{T}}\boldsymbol{H}^{\mathrm{T}}\boldsymbol{H\theta})\\&=\frac{1}{\sigma^2}(\boldsymbol{H}^{\mathrm{T}}\boldsymbol{x}-\boldsymbol{H}^{\mathrm{T}}\boldsymbol{H\theta})=\frac{\boldsymbol{H}^{\mathrm{T}}\boldsymbol{H}}{\sigma^2}[(\boldsymbol{H}^{\mathrm{T}}\boldsymbol{H})^{-1}\boldsymbol{H}^{\mathrm{T}}\boldsymbol{x}-\boldsymbol{\theta}]\end{aligned}\tag{5.79}$$

式(5.79)中，$\boldsymbol{x}^{\mathrm{T}}\boldsymbol{H\theta}=(\boldsymbol{H\theta})^{\mathrm{T}}\boldsymbol{x}$，$\dfrac{\partial\boldsymbol{b}^{\mathrm{T}}\boldsymbol{\theta}}{\partial\boldsymbol{\theta}}=\boldsymbol{b}$，$\dfrac{\partial\boldsymbol{\theta}^{\mathrm{T}}\boldsymbol{b\theta}}{\partial\boldsymbol{\theta}}=2\boldsymbol{b\theta}$，根据克拉美罗界与无偏估计定义，可得

$$E\left[\frac{\partial\ln p(\boldsymbol{x};\boldsymbol{\theta})}{\partial\boldsymbol{\theta}}\right]=E\left\{\frac{\boldsymbol{H}^{\mathrm{T}}\boldsymbol{H}}{\sigma^2}[(\boldsymbol{H}^{\mathrm{T}}\boldsymbol{H})^{-1}\boldsymbol{H}^{\mathrm{T}}\boldsymbol{x}-\boldsymbol{\theta}]\right\}=0\Rightarrow\hat{\boldsymbol{\theta}}=(\boldsymbol{H}^{\mathrm{T}}\boldsymbol{H})^{-1}\boldsymbol{H}^{\mathrm{T}}\boldsymbol{x}$$

$$\frac{\partial^2\ln p(x;\boldsymbol{\theta})}{\partial\boldsymbol{\theta}^2}=-\frac{\boldsymbol{H}^{\mathrm{T}}\boldsymbol{H}}{\sigma^2}\Rightarrow C_{\hat{\theta}}\geqslant\frac{\sigma^2}{\boldsymbol{H}^{\mathrm{T}}\boldsymbol{H}}$$

接下来，分析协方差矩阵 $\boldsymbol{C}_{\hat{\theta}}$ 中估计值达到最小值的条件。谱参量估计方差是 $\boldsymbol{C}_{\hat{\theta}}$ 的对角线元素。显然，$\mathrm{var}(\hat{\theta}_i)=\boldsymbol{e}_i^{\mathrm{T}}\boldsymbol{C}_{\hat{\theta}}\boldsymbol{e}_i$。式中，$\boldsymbol{e}_i=[0\ 0\cdots0\ 1\ 0\cdots\ 0]^{\mathrm{T}}$

令 $\boldsymbol{C}_{\hat{\theta}}=\boldsymbol{D}^{\mathrm{T}}\boldsymbol{D}$ 且有 $\boldsymbol{e}_i^{\mathrm{T}}\boldsymbol{D}^{\mathrm{T}}(\boldsymbol{D}^{\mathrm{T}})^{-1}\boldsymbol{e}_i=1\Rightarrow(\boldsymbol{e}_i^{\mathrm{T}}\boldsymbol{D}^{\mathrm{T}}(\boldsymbol{D}^{\mathrm{T}})^{-1}\boldsymbol{e}_i)^2=1$，根据许瓦兹不等式，有

$$\begin{aligned}1&=(\boldsymbol{e}_i^{\mathrm{T}}\boldsymbol{D}^{\mathrm{T}}(\boldsymbol{D}^{\mathrm{T}})^{-1}\boldsymbol{e}_i)^2\leqslant\boldsymbol{e}_i^{\mathrm{T}}\boldsymbol{D}^{\mathrm{T}}(\boldsymbol{e}_i^{\mathrm{T}}\boldsymbol{D}^{\mathrm{T}})^{\mathrm{T}}[(\boldsymbol{D}^{\mathrm{T}})^{-1}\boldsymbol{e}_i]^{\mathrm{T}}(\boldsymbol{D}^{\mathrm{T}})^{-1}\boldsymbol{e}_i\\&=(\boldsymbol{e}_i^{\mathrm{T}}\boldsymbol{D}^{\mathrm{T}}\boldsymbol{D}\boldsymbol{e}_i)(\boldsymbol{e}_i^{\mathrm{T}}(\boldsymbol{D}^{\mathrm{T}}\boldsymbol{D})^{-1}\boldsymbol{e}_i)=(\boldsymbol{e}_i^{\mathrm{T}}\boldsymbol{C}_{\theta}\boldsymbol{e}_i)(\boldsymbol{e}_i^{\mathrm{T}}\boldsymbol{C}^{-1}{}_{\hat{\theta}}\boldsymbol{e}_i)\end{aligned}$$

那么，$\mathrm{var}(\hat{\theta}_i)\geqslant\dfrac{1}{\boldsymbol{e}_i^{\mathrm{T}}\boldsymbol{C}_{\hat{\theta}}^{-1}\boldsymbol{e}_i}=\dfrac{\sigma^2}{(\boldsymbol{H}^{\mathrm{T}}\boldsymbol{H})_{ii}}$。当且仅当 $(\boldsymbol{e}_i^{\mathrm{T}}\boldsymbol{D}^{\mathrm{T}})^{\mathrm{T}}=c_i(\boldsymbol{D}^{\mathrm{T}})^{-1}\boldsymbol{e}_i$ 时，等式成立，

条件式中 c_i 是对应 $\hat{\theta}_i$ 的常数。于是有

$$\boldsymbol{D}^{\mathrm{T}}\boldsymbol{D}\boldsymbol{e}_i=c_i\boldsymbol{e}_i \Rightarrow \boldsymbol{C}_{\hat{\theta}}\boldsymbol{e}_i=c_i\boldsymbol{e}_i \Rightarrow \frac{\sigma^2}{\boldsymbol{H}^{\mathrm{T}}\boldsymbol{H}}\boldsymbol{e}_i=c_i\boldsymbol{e}_i \Rightarrow \frac{1}{(\boldsymbol{H}^{\mathrm{T}}\boldsymbol{H})_{ii}}=c_i/\sigma^2$$

当 $u(n)$ 为白噪声时,可以满足谱参量估计方差最小的需求。

5.3 大动态信噪比的谱估计性能界

克拉美罗界给出了大信噪比/大量观测样本条件下的无偏参数估计方差下界。然而,对于低信噪比/小样本数据条件,克拉美罗界并不能提供精确的估计方差信息。为此,引入巴兰金界(Barankin Bound, BB)预测信噪比门限值并分析低信噪比条件下无源的 DOA 估计性能。

5.3.1 巴兰金界

Barankin 于 1949 年在 Bhattachryya 的工作基础上,给出了无偏参数估计方差的最大下界,称之为巴兰金界。

令一组观测数据为 $\boldsymbol{x}$,它是样本空间 Ω 的一次采样。令 $P(\boldsymbol{x}\mid\boldsymbol{\theta})$ 是一类在参数 $\boldsymbol{\theta}$ 条件下的概率测度(简称概率),$\boldsymbol{\theta}$ 在索引集 π 上取值。假设这些概率测度都存在一个概率密度函数,也就是说存在一个函数 $p(\boldsymbol{x}\mid\boldsymbol{\theta})$ 对于任何可测集合 E,使得

$$P(E\mid\boldsymbol{\theta})=\int p(\boldsymbol{x}\mid\boldsymbol{\theta})\mathrm{d}\boldsymbol{x} \tag{5.80}$$

令 $g(\cdot)$ 为定义在 π 上的一个实值函数, $\widehat{g(\boldsymbol{\theta})}(\cdot)$ 是 $g(\cdot)$ 的一个无偏估计量,即 $\widehat{g(\boldsymbol{\theta})}(\cdot)$ 是一个定义在 Ω 上的实值可测函数,满足

$$\int \widehat{g(\boldsymbol{\theta})}(\boldsymbol{x})p(\boldsymbol{x}\mid\boldsymbol{\theta})\mathrm{d}\boldsymbol{x}=g(\boldsymbol{\theta}),\quad \forall\boldsymbol{\theta}\in\pi \tag{5.81}$$

对于任意有限点集 $\{\boldsymbol{\theta}_i\}_1^n$ 和任意实数集 $\{a_i\}_1^n$,从式(5.79)可得

$$\int \widehat{g(\boldsymbol{\theta})}(\boldsymbol{x})\sum_{i=1}^{n}a_i p(\boldsymbol{x}\mid\boldsymbol{\theta}_i)\mathrm{d}\boldsymbol{x}=\sum_{i=1}^{n}a_i g(\boldsymbol{\theta}_i) \tag{5.82}$$

式(5.80)两边分别减去 $\sum_{i=1}^{n}a_i g(\boldsymbol{\theta})$ 并对等式两边求平方,得到

$$\left\{\int\left[\widehat{g(\boldsymbol{\theta})}(\boldsymbol{x})-g(\boldsymbol{\theta})\right]\frac{\sum_{i=1}^{n}a_i p(\boldsymbol{x}\mid\boldsymbol{\theta}_i)}{p(\boldsymbol{x}\mid\boldsymbol{\theta})}p(\boldsymbol{x}\mid\boldsymbol{\theta})\mathrm{d}\boldsymbol{x}\right\}^2=\left\{\sum_{i=1}^{n}a_i\left[g(\boldsymbol{\theta}_i)-g(\boldsymbol{\theta})\right]\right\}^2 \tag{5.83}$$

式(5.81)隐含了条件 $\sum_{i=1}^{n} a_i g(\boldsymbol{\theta}) = \int \sum_{i=1}^{n} a_i g(\boldsymbol{\theta}) p(\boldsymbol{x} \mid \boldsymbol{\theta}_i) \mathrm{d}\boldsymbol{x}$。令似然函数比为

$$L(\boldsymbol{x};\boldsymbol{\theta}_i,\boldsymbol{\theta}) = p(\boldsymbol{x} \mid \boldsymbol{\theta}_i)/p(\boldsymbol{x} \mid \boldsymbol{\theta}) \tag{5.84}$$

将柯西-施瓦尔兹不等式$\left(\text{积分形式}\left[\int f(\boldsymbol{x})g(\boldsymbol{x})\mathrm{d}\boldsymbol{x}\right]^2 \leqslant \int f^2(\boldsymbol{x})\mathrm{d}\boldsymbol{x} \cdot \int g^2(\boldsymbol{x})\mathrm{d}\boldsymbol{x}\right)$应用到式(5.83)的左边,得到

$$\left\{\sum_{i=1}^{n} a_i [g(\boldsymbol{\theta}_i) - g(\boldsymbol{\theta})]\right\}^2 \leqslant \left\{\int [\widehat{g(\boldsymbol{\theta})}(\boldsymbol{x}) - g(\boldsymbol{\theta})]^2 p(\boldsymbol{x} \mid \boldsymbol{\theta})\mathrm{d}\boldsymbol{x}\right\} \cdot \left\{\int \left[\sum_{i=1}^{n} a_i L(\boldsymbol{x};\boldsymbol{\theta}_i,\boldsymbol{\theta})\right]^2 p(\boldsymbol{x} \mid \boldsymbol{\theta})\mathrm{d}\boldsymbol{x}\right\} \tag{5.85}$$

当 $\boldsymbol{\theta}$ 为未知参数的真值时,式(5.85)的右边第一项即为估计量 $\widehat{g(\boldsymbol{\theta})}(\boldsymbol{x})$ 的估计均方误差,记作 $\mathrm{MSE}_\theta[\widehat{g(\boldsymbol{\theta})}(\boldsymbol{x})]$,满足不等式

$$\mathrm{MSE}_\theta[\hat{g}(\boldsymbol{\theta})(\boldsymbol{x})] \geqslant \frac{\left\{\sum_{i=1}^{n} a_i [g(\boldsymbol{\theta}_i) - g(\boldsymbol{\theta})]\right\}^2}{\int \left[\sum_{i=1}^{n} a_i L(\boldsymbol{x};\boldsymbol{\theta}_i,\boldsymbol{\theta})\right]^2 p(\boldsymbol{x} \mid \boldsymbol{\theta})\mathrm{d}\boldsymbol{x}} \tag{5.86}$$

对于所有的有限集合 $\{\boldsymbol{\theta}_i, a_i\}_1^n$ 均成立。根据式(5.86),在无偏估计的约束条件下,需要最小化均方估计误差,进而得到关于均方估计误差的巴兰金界表达式为

$$\mathrm{MSE}_\theta[\widehat{g(\boldsymbol{\theta})}(\boldsymbol{x})] \geqslant \sup_{\{\theta_i, a_i\}_1^n} \frac{\left\{\sum_{i=1}^{n} a_i [g(\boldsymbol{\theta}_i) - g(\boldsymbol{\theta})]\right\}^2}{\int \left[\sum_{i=1}^{n} a_i L(\boldsymbol{x};\boldsymbol{\theta}_i,\boldsymbol{\theta})\right]^2 p(\boldsymbol{x} \mid \boldsymbol{\theta})\mathrm{d}\boldsymbol{x}} \tag{5.87}$$

式(5.87)中 sup(•) 表示集合的上确界(最小下界)。

巴兰金证明了只要参数 $\boldsymbol{\theta}$ 的无偏估计量存在,那么必然存在一个无偏估计量的均方估计误差能够达到巴兰金界。当估计量达到巴兰金界时,该估计量仅是参数 $\boldsymbol{\theta}$ 的“局部最优”估计。

假设 π 是参数向量 $\boldsymbol{\theta}$ 的 m 维欧几里得空间 $\boldsymbol{E}_m$,利用式(5.87)推导无偏估计量 $\hat{\boldsymbol{\theta}}$ 的下界。令 $\hat{\boldsymbol{\theta}}(\boldsymbol{x})$ 是 $\boldsymbol{\theta}$ 的一个无偏估计量,表示为

$$E[\hat{\boldsymbol{\theta}}(\boldsymbol{x})] = \int \hat{\boldsymbol{\theta}}(\boldsymbol{x}) p(\boldsymbol{x} \mid \boldsymbol{\theta})\mathrm{d}\boldsymbol{x} = \boldsymbol{\theta}, \quad \forall \boldsymbol{\theta} \in \boldsymbol{E}_m \tag{5.88}$$

如果对于任一 m 维向量 $\boldsymbol{y}$,$\widehat{g(\boldsymbol{\theta})}(\boldsymbol{x}) = \boldsymbol{y}^{\mathrm{T}}\hat{\boldsymbol{\theta}}(\boldsymbol{x})$ 是 $g(\boldsymbol{\theta}) = \boldsymbol{y}^{\mathrm{T}}\boldsymbol{\theta}$ 的一个无偏估计量。式(5.86)可以改写成

$$\mathrm{MSE}_\theta[\widehat{g(\boldsymbol{\theta})}(\boldsymbol{x})] = y^{\mathrm{T}} E[(\hat{\boldsymbol{\theta}} - \boldsymbol{\theta})(\hat{\boldsymbol{\theta}} - \boldsymbol{\theta})^{\mathrm{T}}]\boldsymbol{y}$$

$$\geqslant \frac{\left[\boldsymbol{y}^{\mathrm{T}} \sum_{i=1}^{n} a_i(\boldsymbol{\theta}_i - \boldsymbol{\theta})\right]^2}{\int \left[\sum_{i=1}^{n} a_i L(\boldsymbol{x};\boldsymbol{\theta}_i,\boldsymbol{\theta})\right]^2 p(\boldsymbol{x} \mid \boldsymbol{\theta}) \mathrm{d}\boldsymbol{x}} \tag{5.89}$$

式(5.89)中,下界对 $\boldsymbol{E}_m$ 中所有有限参数集 $\boldsymbol{\theta}_i$ 和所有实数 $\boldsymbol{a}_i$ 成立。对于一个给定的参数集 $\boldsymbol{\theta}_i$,不管实数集 $\boldsymbol{a}_i$ 如何选取,都能得到一个关于 $\mathrm{MSE}_{\theta}[\widehat{g(\boldsymbol{\theta})}(\boldsymbol{x})]$ 的下界。因此,假设现在给定一个参数集合 $\{\boldsymbol{\theta}_i\}_1^n$,通过寻找一组 $\boldsymbol{a}_i$ 使得式(5.89)达到最小上界。为此,具体限定某些 $\boldsymbol{\theta}_i$ 和 a_i 取值,假设 $n>m$,定义

$$\begin{aligned} &\boldsymbol{\theta}_i = \boldsymbol{\theta} + \boldsymbol{\varepsilon}_i \boldsymbol{e}_i, \quad i=1, \cdots, m \\ &\boldsymbol{\theta}_{m+1} = \boldsymbol{\theta} \end{aligned} \tag{5.90}$$

式(5.90)中,$\boldsymbol{\varepsilon}_i \neq 0$ 是一个实数,$\boldsymbol{e}_i$ 是 $\boldsymbol{E}_m$ 的第 i 个单位向量,即 $(\boldsymbol{e}_i)_j = \delta(i-j)$。进一步定义

$$\begin{aligned} &a_i = \boldsymbol{\lambda}_i / \boldsymbol{\varepsilon}_i, \quad i=1, \cdots, m \\ &a_{m+1} = -\sum_{i=1}^{n} a_i \end{aligned} \tag{5.91}$$

式(5.91)中,$\boldsymbol{\lambda}_i$ 为任意实数。对剩下来的 $\boldsymbol{\theta}_i$ 和 a_i,$i=m+2, \cdots, n$ 不做任何限定。基于上述定义,可以得到

$$\begin{aligned} \left\{\sum_{i=1}^{n} a_i p(\boldsymbol{x} \mid \boldsymbol{\theta}_i)\right\}^2 &= \left\{\sum_{i=1}^{m} \frac{\lambda_i}{\varepsilon_i} p(\boldsymbol{x} \mid \boldsymbol{\theta}_i) - \sum_{i=1}^{m} \frac{\lambda_i}{\varepsilon_i} p(\boldsymbol{x} \mid \boldsymbol{\theta}) + \sum_{i=m+2}^{n} \frac{\lambda_i}{\varepsilon_i} p(\boldsymbol{x} \mid \boldsymbol{\theta}_i)\right\}^2 \\ &= \sum_{i,j=1}^{m} \lambda_i \lambda_j \frac{p(\boldsymbol{x} \mid \boldsymbol{\theta}_i + \varepsilon_i \boldsymbol{e}_i) - p(\boldsymbol{x} \mid \boldsymbol{\theta})}{\varepsilon_i} \frac{p(\boldsymbol{x} \mid \boldsymbol{\theta}_j + \varepsilon_j \boldsymbol{e}_j) - p(\boldsymbol{x} \mid \boldsymbol{\theta})}{\varepsilon_j} \\ &\quad + 2\sum_{i=1}^{m} \sum_{j=m+2}^{n} \lambda_i a_j \frac{p(\boldsymbol{x} \mid \boldsymbol{\theta}_i + \varepsilon_i \boldsymbol{e}_i) - p(\boldsymbol{x} \mid \boldsymbol{\theta})}{\varepsilon_i} p(\boldsymbol{x} \mid \boldsymbol{\theta}_j) \\ &\quad + \sum_{i,j=m+2}^{n} a_i a_j p(\boldsymbol{x} \mid \boldsymbol{\theta}_i) p(\boldsymbol{x} \mid \boldsymbol{\theta}_j) \end{aligned} \tag{5.92}$$

因此,式(5.89)不等式右边分母的极限值为

$$\begin{aligned} &\lim_{\forall \varepsilon_i \to 0} \int \left[\sum_{i=1}^{n} a_i L(\boldsymbol{x};\boldsymbol{\theta}_i,\boldsymbol{\theta})\right]^2 p(\boldsymbol{x} \mid \boldsymbol{\theta}) \mathrm{d}\boldsymbol{x} \\ &= \sum_{i,j=1}^{m} \lambda_i \lambda_j \int \frac{\partial \ln p(\boldsymbol{x} \mid \boldsymbol{\theta})}{\partial \theta_i} \frac{\partial \ln p(\boldsymbol{x} \mid \boldsymbol{\theta})}{\partial \theta_j} p(\boldsymbol{x} \mid \boldsymbol{\theta}) \mathrm{d}\boldsymbol{x} + \\ &\quad 2\sum_{i=1}^{m} \sum_{j=m+2}^{n} \lambda_i a_j \int \frac{\partial \ln p(\boldsymbol{x} \mid \boldsymbol{\theta})}{\partial \theta_i} L(\boldsymbol{x} \mid \boldsymbol{\theta}_j, \boldsymbol{\theta}) p(\boldsymbol{x} \mid \boldsymbol{\theta}) \mathrm{d}\boldsymbol{x} + \end{aligned}$$

$$\sum_{i,j=m+2}^{n} a_i a_j \int L(\boldsymbol{x} \mid \boldsymbol{\theta}_i, \boldsymbol{\theta}) L(\boldsymbol{x} \mid \boldsymbol{\theta}_j, \boldsymbol{\theta}) p(\boldsymbol{x} \mid \boldsymbol{\theta}) \mathrm{d}\boldsymbol{x} \tag{5.93}$$

式(5.93)中，$\partial/\partial\boldsymbol{\theta}_i$ 表示关于 $\boldsymbol{\theta}$ 的第 i 个元素的偏导数。可以将上式写成简洁的矩阵形式

$$\lim_{\forall \varepsilon_i \to 0} \int \left[\sum_{i=1}^{n} a_i L(\boldsymbol{x}; \boldsymbol{\theta}_i, \boldsymbol{\theta}) \right]^2 p(\boldsymbol{x} \mid \boldsymbol{\theta}) \mathrm{d}\boldsymbol{x} = \boldsymbol{\beta}^{\mathrm{T}} \boldsymbol{D} \boldsymbol{\beta} \tag{5.94}$$

式(5.94)中，$\boldsymbol{\beta} = [\lambda_1, \cdots, \lambda_m, a_{m+2}, \cdots, a_n]^{\mathrm{T}}$，方阵 $\boldsymbol{D}$ 为 $n-1$ 维分块矩阵

$$\boldsymbol{D} = \begin{bmatrix} \boldsymbol{\Lambda} & \boldsymbol{H} \\ \boldsymbol{H}^{\mathrm{T}} & \boldsymbol{B} \end{bmatrix} \tag{5.95}$$

$$(\boldsymbol{\Lambda})_{ij} = \int \frac{\partial \ln p(\boldsymbol{x} \mid \boldsymbol{\theta})}{\partial \theta_i} \frac{\partial \ln p(\boldsymbol{x} \mid \boldsymbol{\theta})}{\partial \theta_j} p(\boldsymbol{x} \mid \boldsymbol{\theta}) \mathrm{d}\boldsymbol{x}, \quad i, j = 1, \cdots, m \tag{5.96}$$

$$(\boldsymbol{H})_{ij} = \int \frac{\partial \ln p(\boldsymbol{x} \mid \boldsymbol{\theta})}{\partial \theta_i} L(\boldsymbol{x} \mid \boldsymbol{\theta}_j, \boldsymbol{\theta}) p(\boldsymbol{x} \mid \boldsymbol{\theta}) \mathrm{d}\boldsymbol{x}, \quad i = 1, \cdots, m; j = m+2, \cdots, n \tag{5.97}$$

$$(\boldsymbol{B})_{ij} = \int L(\boldsymbol{x} \mid \boldsymbol{\theta}_i, \boldsymbol{\theta}) L(\boldsymbol{x} \mid \boldsymbol{\theta}_j, \theta) p(\boldsymbol{x} \mid \boldsymbol{\theta}) \mathrm{d}\boldsymbol{x}, \quad i, j = m+2, \cdots, n \tag{5.98}$$

利用式(5.93)—(5.98)的标记方法，式(5.89)分母的极限形式为 $\boldsymbol{\beta}^{\mathrm{T}}\boldsymbol{D}\boldsymbol{\beta}$。可以证明，在 $\boldsymbol{D}$ 始终为正定矩阵条件下，如果 $g(\boldsymbol{\theta})$ 是一个变量且存在一个 $g(\boldsymbol{\theta})$ 的有限方差的估计量，那么 $\boldsymbol{\beta}^{\mathrm{T}}\boldsymbol{D}\boldsymbol{\beta}$ 绝不会变为 0。基于上述定义的参数值，式(5.89)的右边分子变为

$$\left[\boldsymbol{y}^{\mathrm{T}} \sum_{i=1}^{n} a_i (\boldsymbol{\theta}_i - \boldsymbol{\theta}) \right]^2 = \left[\boldsymbol{y}^{\mathrm{T}} \sum_{i=1}^{m} \lambda_i \boldsymbol{e}_i + \boldsymbol{y}^{\mathrm{T}} \sum_{i=m+2}^{n} a_i (\boldsymbol{\theta}_i - \boldsymbol{\theta}) \right]^2 = (\boldsymbol{y}^{\mathrm{T}} \boldsymbol{N} \boldsymbol{\beta})^2 \tag{5.99}$$

式(5.99)中，$m \times (n-1)$ 维矩阵 $\boldsymbol{N}$ 定义成

$$\boldsymbol{N} = [\boldsymbol{e}_1, \cdots, \boldsymbol{e}_m, \boldsymbol{\theta}_{m+2} - \boldsymbol{\theta}, \cdots, \boldsymbol{\theta}_n - \boldsymbol{\theta}] = [\boldsymbol{I}, \boldsymbol{\Phi}] \tag{5.100}$$

$$\boldsymbol{\Phi} = [\boldsymbol{\theta}_{m+2} - \boldsymbol{\theta}, \cdots, \boldsymbol{\theta}_n - \boldsymbol{\theta}] \tag{5.101}$$

式(5.101)中，$\boldsymbol{\Phi}$ 是 $m \times (n-m-1)$ 维矩阵，获得下面形式的巴兰金界

$$\boldsymbol{y}^{\mathrm{T}} E[(\hat{\boldsymbol{\theta}} - \boldsymbol{\theta})(\hat{\boldsymbol{\theta}} - \boldsymbol{\theta})^{\mathrm{T}}] \boldsymbol{y} \geqslant \frac{(\boldsymbol{y}^{\mathrm{T}} \boldsymbol{N} \boldsymbol{\beta})^2}{\boldsymbol{\beta}^{\mathrm{T}} \boldsymbol{D} \boldsymbol{\beta}} \tag{5.102}$$

式(5.102)对于所有的 $n-1$ 维的 $\boldsymbol{\beta}$ 向量和所有 $\{\boldsymbol{\theta}_i\}_{m+2}^{n}$ 均成立。接下来，通过优化 $\boldsymbol{\beta}$ 的取值，来最大化式(5.102)，这里可以运用柯西-施瓦尔兹不等式(矩阵形式 $(\boldsymbol{A}^{\mathrm{T}}\boldsymbol{B})^2 \leqslant \boldsymbol{A}^{\mathrm{T}}\boldsymbol{A} \cdot \boldsymbol{B}^{\mathrm{T}}\boldsymbol{B}$)得到

$$\frac{(\boldsymbol{y}^{\mathrm{T}} \boldsymbol{N} \boldsymbol{\beta})^2}{\boldsymbol{\beta}^{\mathrm{T}} \boldsymbol{D} \boldsymbol{\beta}} = \frac{[(\boldsymbol{y}^{\mathrm{T}} \boldsymbol{N} \boldsymbol{D}^{-\frac{1}{2}}) \cdot (\boldsymbol{D}^{\frac{1}{2}} \boldsymbol{\beta})]^2}{\boldsymbol{\beta}^{\mathrm{T}} \boldsymbol{D} \boldsymbol{\beta}} \leqslant \boldsymbol{y}^{\mathrm{T}} \boldsymbol{N} \boldsymbol{D}^{-1} \boldsymbol{N}^{\mathrm{T}} \boldsymbol{y} \tag{5.103}$$

因为 $\boldsymbol{D}$ 为正定矩阵,则存在 $\boldsymbol{D}^{-1/2}$ 和 $\boldsymbol{D}^{1/2}$。不等式(5.103)取到最大值的条件是 $\boldsymbol{\beta} = \eta\boldsymbol{D}^{-1}\boldsymbol{N}^{\mathrm{T}}\boldsymbol{y}$, $\eta \in \mathbb{R}$,因此

$$\boldsymbol{y}^{\mathrm{T}}E[(\hat{\boldsymbol{\theta}}-\boldsymbol{\theta})(\hat{\boldsymbol{\theta}}-\boldsymbol{\theta})^{\mathrm{T}}]\boldsymbol{y} \geqslant \boldsymbol{y}^{\mathrm{T}}\boldsymbol{N}\boldsymbol{D}^{-1}\boldsymbol{N}^{\mathrm{T}}\boldsymbol{y} \tag{5.104}$$

或者等效为

$$\mathrm{MSE}_{\theta}(\hat{\boldsymbol{\theta}}) \geqslant \boldsymbol{N}\boldsymbol{D}^{-1}\boldsymbol{N}^{\mathrm{T}} \tag{5.105}$$

式(5.105)对于所有的 $\boldsymbol{\theta}_i$, $i=m+2, \cdots, n$ 均成立。

为了得到巴兰金界与克拉美罗界的关系,利用分块矩阵求逆公式进一步改写式(5.105),得到

$$\boldsymbol{D}^{-1}=\left[\begin{array}{c:c}\boldsymbol{\Lambda}^{-1}+\boldsymbol{\Lambda}^{-1}\boldsymbol{H}\boldsymbol{\Delta}^{-1}\boldsymbol{H}^{\mathrm{T}}\boldsymbol{\Lambda}^{-1} & -\boldsymbol{\Lambda}^{-1}\boldsymbol{H}\boldsymbol{\Delta}^{-1} \\ \hdashline -\boldsymbol{\Delta}^{-1}\boldsymbol{H}^{\mathrm{T}}\boldsymbol{\Lambda}^{-1} & \boldsymbol{\Delta}^{-1}\end{array}\right] \tag{5.106}$$

式(5.106)中,$\boldsymbol{\Delta}=\boldsymbol{B}-\boldsymbol{H}^{\mathrm{T}}\boldsymbol{\Lambda}^{-1}\boldsymbol{H}$。利用式(5.100)和式(5.101),得到

$$\begin{aligned}\boldsymbol{N}\boldsymbol{D}^{-1}\boldsymbol{N}^{\mathrm{T}} &= \boldsymbol{\Lambda}^{-1}+\boldsymbol{\Lambda}^{-1}\boldsymbol{H}\boldsymbol{\Delta}^{-1}\boldsymbol{H}^{\mathrm{T}}\boldsymbol{\Lambda}^{-1}-\boldsymbol{\Lambda}^{-1}\boldsymbol{H}\boldsymbol{\Delta}^{-1}\boldsymbol{\Phi}^{\mathrm{T}}-\boldsymbol{\Phi}\boldsymbol{\Delta}^{-1}\boldsymbol{H}^{\mathrm{T}}\boldsymbol{\Lambda}^{-1}+\boldsymbol{\Phi}\boldsymbol{\Delta}^{-1}\boldsymbol{\Phi}^{\mathrm{T}} \\ &= \boldsymbol{\Lambda}^{-1}+(\boldsymbol{\Phi}-\boldsymbol{\Lambda}^{-1}\boldsymbol{H})\boldsymbol{\Delta}^{-1}(\boldsymbol{\Phi}-\boldsymbol{\Lambda}^{-1}\boldsymbol{H})^{\mathrm{T}}\end{aligned} \tag{5.107}$$

因此,巴兰金界可以写成最终的形式

$$\mathrm{MSE}_{\theta}(\hat{\boldsymbol{\theta}}) \geqslant \boldsymbol{\Lambda}^{-1}+(\boldsymbol{\Phi}-\boldsymbol{\Lambda}^{-1}\boldsymbol{H})\boldsymbol{\Delta}^{-1}(\boldsymbol{\Phi}-\boldsymbol{\Lambda}^{-1}\boldsymbol{H})^{\mathrm{T}} \tag{5.108}$$

如果令 $n=m+1$,式(5.108)右边的第二项将消失,此时得到的是克拉美罗界

$$\mathrm{MSE}_{\theta}(\hat{\boldsymbol{\theta}}) \geqslant \boldsymbol{\Lambda}^{-1} \tag{5.109}$$

式(5.109)中,$(\boldsymbol{\Lambda})_{ij}=E_{\theta}\left[\int \dfrac{\partial \ln p(\boldsymbol{x} \mid \boldsymbol{\theta})}{\partial \theta_i} \dfrac{\partial \ln p(\boldsymbol{x} \mid \boldsymbol{\theta})}{\partial \theta_j}\right]$ 为 Fisher 信息矩阵。

5.3.2 高斯-均匀混合分布的熵误差

徐大专教授从信息论的角度,通过高斯均匀混合分布进一步给出了大信噪比动态范围的误差。设 $g(x)$ 为高斯分布 $N(0, \sigma^2)$, $u(x)$ 为观测区间 $[-1/2,1/2]$ 上的均匀分布。称如下的后验概率分布为高斯-均匀混合分布。$n=1/\sigma$ 称为高斯混合因子。

$$p(x \mid z)=\frac{u(x)+g(x)}{\int_{-1/2}^{1/2}[u(x)+g(x)]\mathrm{d}x}=\frac{\dfrac{1}{\sqrt{2\pi\sigma^2}}\mathrm{e}^{-\frac{x^2}{2\sigma^2}}+\left[1-erf\left(\dfrac{\eta}{2\sqrt{2}}\right)\right]}{\displaystyle\int_{-\infty}^{\infty}\left\{\dfrac{1}{\sqrt{2\pi\sigma^2}}\mathrm{e}^{-\frac{x^2}{2\sigma^2}}+\left[1-erf\left(\dfrac{\eta}{2\sqrt{2}}\right)\right]\right\}\mathrm{d}x} \tag{5.110}$$

高斯-均匀混合分布假设目标位置估计总体上服从高斯分布，但在有限的观测区间上，高斯分布不满足概率的归一化条件。为此，引入均匀分布对高斯分布进行修正。高斯混合因子越大，表明信噪比越高，目标位置估计的精度越高，高斯分布的占比越大，后验概率分布越接近高斯分布。高斯混合因子越小，表明信噪比越低，均匀分布的占比越大，后验概率分布越接近均匀分布。

熵误差、均方误差与高斯因子的关系如图 5.4 所示。高斯因子越小，方差 σ^2 越大，对应于低信噪比情况，此时归一化概率密度函数越趋近于均匀分布；而当 η 越大，方差 σ^2 越小，对应于高信噪比情况，此时归一化概率密度函数趋近于一个高斯分布。在高信噪比情况下，熵误差和均方误差趋于一致。

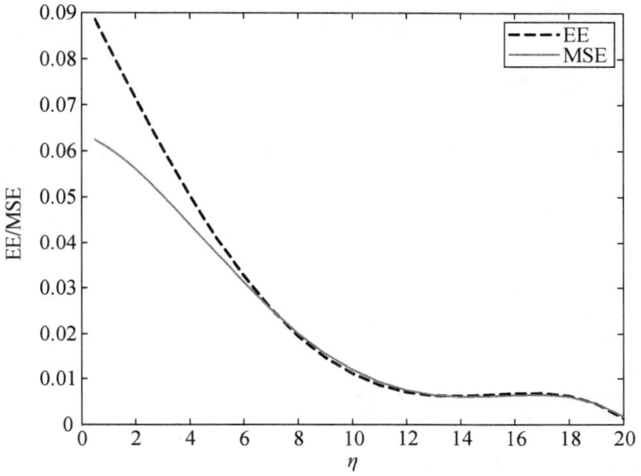

图 5.4　熵误差、均方误差与高斯因子的关系

5.4　高斯过程包络平方的概率分布

5.4.1　窄带高斯噪声包络平方的分布

前面已经推导出，当窄带随机过程为一具有零均值、方差为 σ^2 的平稳高斯噪声时，其包络 $A(t)$ 的一维概率密度为瑞利分布。

$$f_A(A_t)=\frac{A_t}{\sigma^2}\exp\left\{-\frac{A_t^2}{2\sigma^2}\right\},\quad A_t\geqslant 0 \tag{5.111}$$

利用求随机变量函数分布的方法，很容易求出包络平方的一维概率密度。令

$$U(t)=A^2(t) \tag{5.112}$$

则在时刻 t 的采样有

$$\begin{cases} U_t = g(A_t) = A_t^2, & A_t \geqslant 0 \\ A_t = h(U_t) = \sqrt{U_t}, & U_t \geqslant 0 \end{cases} \tag{5.113}$$

其雅克比行列式 $|J|$ 为

$$|J| = \frac{1}{2\sqrt{U_t}} \tag{5.114}$$

于是包络平方的一维概率密度为

$$f_U(u_t) = |J| f_A(A_t) = \frac{1}{2\sigma^2}\exp\left\{-\frac{u_t}{2\sigma^2}\right\}, \quad u_t \geqslant 0 \tag{5.115}$$

式(5.115)表明，U_t 服从指数分布。

在实际中，为了分析方便，常常应用归一化随机变量。令归一化随机变量 $V_t = \dfrac{U_t}{\sigma^2}$，则可得到 V_t 的概率密度为

$$f_V(v_t) = \frac{1}{2}e^{-\frac{v_t}{2}}, \quad v_t \geqslant 0 \tag{5.116}$$

5.4.2 余弦信号加窄带高斯噪声包络平方的概率分布

当窄带随机过程为余弦信号加窄带高斯噪声时

$$X(t) = a\cos\omega_0 t + N(t) = A(t)\cos[\omega_0 t + \varphi(t)] \tag{5.117}$$

式(5.117)中，a，ω_0 为已知常数，$N(t)$ 为具有零均值、方差 σ^2 的窄带高斯噪声。$X(t)$ 的包络服从广义瑞利分布

$$f_A(A_t) = \frac{A_t}{\sigma^2} I_0\left(\frac{aA_t}{\sigma^2}\right)\exp\left[-\frac{A_t^2 + a^2}{2\sigma^2}\right], \quad A_t \geqslant 0 \tag{5.118}$$

包络平方 $U_t = A_t^2$ 的一维概率密度为

$$f_U(u_t) = \frac{1}{2\sigma^2} I_0\left\{\frac{a\sqrt{u_t}}{\sigma^2}\right\}\exp\left[-\frac{1}{2\sigma^2}(u_t + a^2)\right], \quad u_t \geqslant 0 \tag{5.119}$$

令 $V_t = \dfrac{U_t}{\sigma^2}$，可得到归一化随机变量 V_t 的概率密度函数为

$$f_V(v_t) = \frac{1}{2} I_0\left(\frac{\sqrt{v_t}A_t}{\sigma}\right)\exp\left[-\frac{v_t + A_t^2/\sigma^2}{2}\right], \quad v_t \geqslant 0 \tag{5.120}$$

5.4.3 χ^2 分布和非中心 χ^2 分布

1）χ^2 分布

如图 5.5 所示，零均值和方差 σ^2 的平稳窄带实高斯噪声 $N(t)$ 通过平方律检波器，检波器输出的是 $N(t)$ 的包络平方 $A^2(t)$。然后对随机过程 $A^2(t)$ 进行独立采样，得到 m 个独立的随机变量 $A_i^2=A^2(t_i)$ $(i=1, 2, \cdots, m)$，经归一化以后送入加法器。下面讨论加法器输出端随机变量 χ^2 的概率密度。在下面的推导中用 V 代替 χ^2。

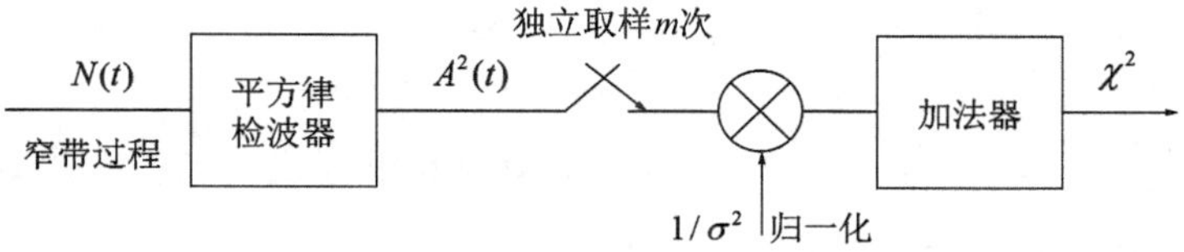

图 5.5　视频积累技术

窄带过程 $N(t)$ 的包络 $A(t)$ 和它的一对垂直分量 $A_C(t)$，$A_S(t)$ 有如下关系

$$A^2(t)=A_C^2(t)+A_S^2(t) \tag{5.121}$$

式(5.121)中，$A_C(t)$，$A_S(t)$ 是零均值、方差为 σ^2 的平稳高斯过程。$A^2(t)$ 经采样后，加法器的输出为

$$V=\sum_{i=1}^{m}(A_{ci}'^2+A_{si}'^2) \tag{5.122}$$

式(5.122)中，A_{ci}'，A_{si}' 表示将 A_{ci}，A_{si} 归一化以后的随机变量。由于 A_{ci}'，A_{si}' 都是同分布的高斯变量，故上式又可表示为

$$V=\sum_{i=1}^{2m}X_i^2 \tag{5.123}$$

式(5.123)中，每一个 X_i 都是同分布的标准高斯变量，且各 X_i 相互独立。为了书写简单，用 n 代替上式中的 $2m$，于是可得

$$V=\sum_{i=1}^{n}X_i^2 \tag{5.124}$$

于是，求 V 的概率密度便归结为求 n 个独立同分布高斯变量平方和概率密度。为此，首先求每一随机变量 X_i^2 的概率密度。已知标准高斯随机变量 X_i 的概率密度为

$$f_X(x_i)=\frac{1}{\sqrt{2\pi}}\exp\left\{-\frac{x_i^2}{2}\right\} \tag{5.125}$$

令 $Y=X_i^2$，不难求出 Y 的概率密度为

$$f_Y(y)=|J|f_X(x_i)=\frac{1}{\sqrt{2\pi y}}\mathrm{e}^{-y/2},\quad y\geqslant 0 \tag{5.126}$$

从而得到 Y 的特征函数为

$$\begin{aligned}Q_Y(u)&=\int_{-\infty}^{\infty}f_Y(y)\mathrm{e}^{\mathrm{j}uy}\mathrm{d}y\\&=\frac{1}{\sqrt{2\pi}}\int_0^{\infty}y^{-\frac{1}{2}}\exp\left\{-\left(\frac{1}{2}-\mathrm{j}u\right)y\right\}\mathrm{d}y\\&=(1-2\mathrm{j}u)^{-\frac{1}{2}}\end{aligned} \tag{5.127}$$

由于 $V=\sum_{i=1}^{n}X_i^2$，利用特征函数的性质：独立随机变量之和的特征函数等于各随机变量特征函数之乘积，便可得到 V 的特征函数为

$$Q_V(u)=\prod_{i=1}^{n}Q_Y(u)=(1-2\mathrm{j}u)^{-\frac{n}{2}} \tag{5.128}$$

对式(5.128)进行傅里叶逆变换，便可求得 V 的概率密度为

$$f_V(v)=\frac{1}{\Gamma\left(\frac{n}{2}\right)}2^{-\frac{n}{2}}v^{\left(\frac{n}{2}-1\right)}\mathrm{e}^{-\frac{v}{2}},\quad v\geqslant 0 \tag{5.129}$$

式(5.129)中，$\Gamma(\cdot)$ 为 Γ 函数，满足

$$\Gamma(a)=\int_0^{\infty}t^{(a-1)}\mathrm{e}^{-t}\mathrm{d}t \tag{5.130}$$

称 $f_V(v)$ 为 n 个自由度的 χ^2 分布。图 5.6 所示为几个不同自由度下 $f_V(v)$ 的图形。

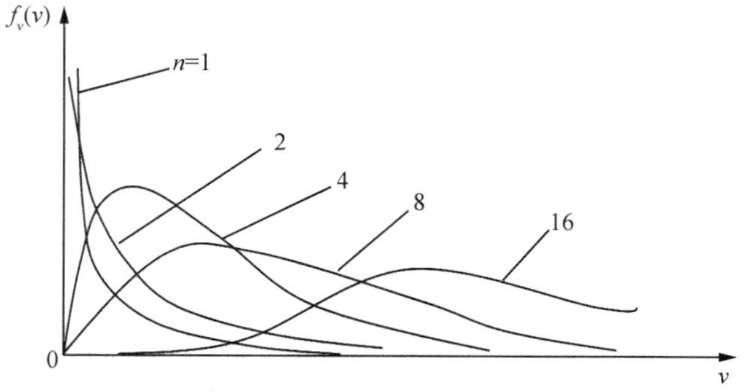

图 5.6　几个不同自由度下 χ^2 分布

χ^2 分布具有下列性质

(1) 两个独立的 χ^2 变量之和仍为 χ^2 变量。若它们各自的自由度分别为 n_1 和 n_2，则

它们的和变量为具有 (n_1+n_2) 个自由度的 χ^2 分布。

(2) n 个自由度的 χ^2 变量的均值 $E[V]=n$，方差 $D[V]=2n$。

2) 非中心 χ^2 分布

若窄带过程 $N'(t)$ 为余弦信号 $s(t)$ 与窄带高斯噪声 $N(t)$ 之和，则加法器输出的就是非中心 χ^2 分布。

(1) 信号包络为常数的情况

设信号

$$s(t)=a\cos(\omega_0 t+\pi/4) \tag{5.131}$$

包络 a 为常数，根据余弦和角公式，有

$$\begin{aligned} s(t)&=a\cos\left(\frac{\pi}{4}\right)\cos\omega_0 t-a\sin\left(\frac{\pi}{4}\right)\sin\omega_0 t \\ &=\frac{\sqrt{2}}{2}a\cos\omega_0 t-\frac{\sqrt{2}}{2}a\sin\omega_0 t \end{aligned} \tag{5.132}$$

若令 $s=\frac{\sqrt{2}}{2}a$，则

$$s(t)=s(\cos\omega_0 t)-s(\sin\omega_0 t) \tag{5.133}$$

又由于

$$N(t)=n_C(t)\cos\omega_0 t-n_S(t)\sin\omega_0 t \tag{5.134}$$

代入 $N'(t)=s(t)+N(t)$ 得

$$\begin{aligned} N'(t)&=s(t)+N(t) \\ &=[s+n_C(t)]\cos\omega_0 t-[s+n_S(t)]\sin\omega_0 t \\ &=A_C(t)\cos\omega_0 t-A_S(t)\sin\omega_0 t \end{aligned} \tag{5.135}$$

而 $N'(t)$ 的包络的平方

$$A^2(t)=A_C^2(t)+A_S^2(t)=[s+n_C(t)]^2+[s+n_S(t)]^2 \tag{5.136}$$

仿照求 χ^2 分布的方法，加法器输出端的随机变量 V' 应为

$$V'=\sum_{i=1}^{n}(s+X_i)^2=\sum_{i=1}^{n}Y_i \tag{5.137}$$

式(5.137)中，X_i 为同分布的独立高斯变量(均值为零、方差为 σ^2)，s 为常数。为了导出 V' 的概率密度，首先求 $Y_i=(s+X_i)^2$ 的概率密度和特征函数。令

$$q_i=s+X_i \tag{5.138}$$

显然，q_i 的概率密度为

$$f_Q(q_i)=\frac{1}{\sqrt{2\pi}\sigma}\exp\left\{-\frac{(q_i-s)^2}{2\sigma^2}\right\} \tag{5.139}$$

则 $Y_i=q_i^2$ 的概率密度为

$$f_Y(y_i)=\frac{1}{\sqrt{8\pi\sigma^2 y_i}}\left\{\exp\left[-\frac{(\sqrt{y_i}-s)^2}{2\sigma^2}\right]+\exp\left[-\frac{(-\sqrt{y_i}-s)^2}{2\sigma^2}\right]\right\} \tag{5.140}$$

将式(5.140)中指数的平方项展开，并利用双曲余弦函数 $2\cosh(b)=\mathrm{e}^b+\mathrm{e}^{-b}$，可得

$$f_Y(y_i)=\frac{1}{\sqrt{2\pi\sigma^2 y_i}}\exp\left\{-\frac{y_i+s^2}{2\sigma^2}\right\}\cosh\left(\frac{s\sqrt{y_i}}{\sigma^2}\right) \tag{5.141}$$

其特征函数为

$$Q_{Y_i}(u)=\frac{1}{\sqrt{1-\mathrm{j}2\sigma^2 u}}\exp\left\{-\frac{s^2}{2\sigma^2}+\frac{s^2}{2\sigma^2(1-\mathrm{j}2\sigma^2 u)}\right\} \tag{5.142}$$

由于 X_i 为独立同分布的，则 $Y_i=(s+X_i)^2$ 也是独立同分布的。而 $V'=\sum_{i=1}^{n}Y_i$，于是 V' 的特征函数为

$$Q_{V'}(u)=\prod_{i=1}^{n}Q_{Y_i}(u)=\left(\frac{1}{1-\mathrm{j}2\sigma^2 u}\right)^{\frac{n}{2}}\exp\left\{-\frac{ns^2}{2\sigma^2}+\frac{ns^2}{2\sigma^2(1-\mathrm{j}2\sigma^2 u)}\right\} \tag{5.143}$$

对式(5.143)作傅里叶逆变换，可得 V' 的概率密度

$$f_{V'}(v')=\frac{1}{2\sigma^2}\left(\frac{v'}{\lambda'^2}\right)^{\frac{n-2}{4}}\exp\left\{-\frac{\lambda'+v'}{2\sigma^2}\right\}I_{\frac{n}{2}-1}\left(\frac{\sqrt{v'\lambda'}}{\sigma^2}\right),\quad v'\geqslant 0 \tag{5.144}$$

式(5.144)中，$\lambda'=s^2 n$ 定义为非中心参量，$I_n(\cdot)$ 为第一类 n 阶修正贝塞尔函数。

定义归一化变量 $V=V'/\sigma^2$，那么

$$V=\sum_{i=1}^{n}\left(\frac{s}{\sigma}+\frac{X_i}{\sigma}\right)^2=\sum_{i=1}^{n}q_i'^2 \tag{5.145}$$

式(5.145)中，变量 q_i' 是均值为 s/σ、方差为 1 的相互独立的高斯变量。易证 V 的概率密度为

$$f_V(v)=\frac{1}{2}\left(\frac{v}{\lambda}\right)^{\frac{n-2}{4}}\exp\left\{-\frac{\lambda}{2}-\frac{v}{2}\right\}I_{\frac{n}{2}-1}(\sqrt{v\lambda}),\quad v\geqslant 0 \tag{5.146}$$

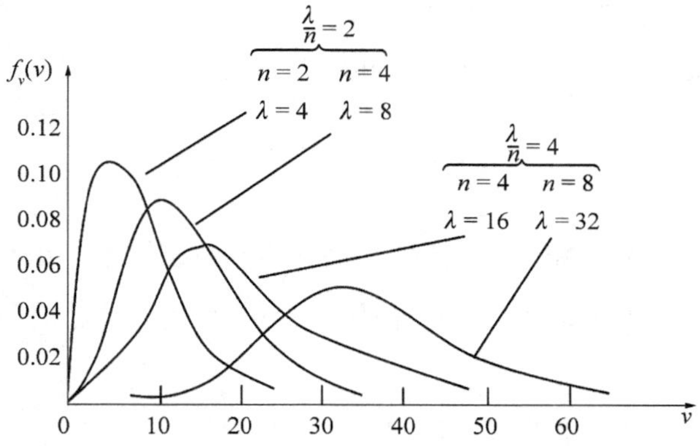

图 5.7　非中心 χ^2 分布

式(5.146)是 n 个自由度的非中心 χ^2 分布。式(5.146)中，非中心参量 $\lambda = ns^2/\sigma^2$，表示视频积累后的功率信噪比。图 5.7 所示为不同信噪比 λ 和样本数 n 情况下的非中心 χ^2 函数。

(2) 信号包络不为常数的情况

设信号

$$s(t) = a(t)\cos(\omega_0 t + \pi/4) \tag{5.147}$$

包络 $a(t)$ 为确定函数，按照余弦和角公式则有

$$\begin{aligned} s(t) &= a(t)\cos\left(\frac{\pi}{4}\right)\cos\omega_0 t - a(t)\sin\left(\frac{\pi}{4}\right)\sin\omega_0 t \\ &= \frac{\sqrt{2}}{2}a(t)\cos\omega_0 t - \frac{\sqrt{2}}{2}a(t)\sin\omega_0 t \end{aligned} \tag{5.148}$$

又由于

$$N(t) = n_C(t)\cos\omega_0 t - n_S(t)\sin\omega_0 t \tag{5.149}$$

代入 $N'(t)$ 得

$$\begin{aligned} N'(t) &= s(t) + N(t) \\ &= \left[\frac{\sqrt{2}}{2}a(t) + n_C(t)\right]\cos\omega_0 t - \left[\frac{\sqrt{2}}{2}a(t) + n_S(t)\right]\sin\omega_0 t \\ &= A_C(t)\cos\omega_0 t - A_S(t)\sin\omega_0 t \end{aligned} \tag{5.150}$$

而 $N'(t)$ 的包络的平方

$$\begin{aligned} A^2(t) &= A_C^2(t) + A_S^2(t) \\ &= \left[\frac{\sqrt{2}}{2}a(t) + n_C(t)\right]^2 + \left[\frac{\sqrt{2}}{2}a(t) + n_S(t)\right]^2 \end{aligned} \tag{5.151}$$

在 $t_i (i=1, 2, \cdots, n)$ 时刻对 $A^2(t)$ 进行独立的采样，令 $s_i = a(t_i)\sqrt{2}/2$，$(i=1, 2, \cdots, n)$，仿照求 χ^2 分布的方法，加法器输出端的随机变量 Q' 应为

$$Q' = \sum_{i=1}^{n} (s_i + X_i)^2 = \sum_{i=1}^{n} Y_i \tag{5.152}$$

式(5.152)中，s_i 是对信号包络 $a(t)$ 的第 i 次采样，是确定值。由于对于单个样本 $Y_i = (s_i + X_i)^2$ 的特征函数可以直接应用上面信号包络为常量的推导结果

$$Q_{Y_i}(u) = \frac{1}{\sqrt{1 - \mathrm{j}2\sigma^2 u}} \exp\left\{ -\frac{s_i^2}{2\sigma^2} + \frac{s_i^2}{2\sigma^2 (1 - \mathrm{j}2\sigma^2 u)} \right\} \tag{5.153}$$

又因为 $Y_i (i=1, 2, \cdots, n)$ 相互独立，而 $Q' = \sum\limits_{i=1}^{n} Y_i$，于是 Q' 的特征函数为

$$Q_{Q'_i}(u) = \prod_{i=1}^{n} Q_{Y_i}(u) = \left(\frac{1}{1 - \mathrm{j}2\sigma^2 u} \right)^{\frac{n}{2}} \exp\left\{ -\frac{\sum\limits_{i=1}^{n} s_i^2}{2\sigma^2} + \frac{\sum\limits_{i=1}^{n} s_i^2}{2\sigma^2 (1 - \mathrm{j}2\sigma^2 u)} \right\} \tag{5.154}$$

对式(5.154)作傅里叶逆变换可得 Q' 的概率密度为

$$f_{Q'}(q') = \frac{1}{2\sigma^2} \left(\frac{q'}{\lambda'^2} \right)^{\frac{n-2}{4}} \exp\left\{ -\frac{\lambda' + q'}{2\sigma^2} \right\} I_{\frac{n}{2}-1}\left(\frac{\sqrt{q'\lambda'}}{\sigma^2} \right), \quad q' \geqslant 0 \tag{5.155}$$

由式(5.155)可见，Q' 与 V' 具有相同的概率密度。不同的只是此时的非中心参量 $\lambda' = \sum\limits_{i=1}^{n} s_i^2$。

类似地，定义归一化参量 $Q = Q'/\sigma^2$，于是可得

$$Q = \sum_{i=1}^{n} \left(\frac{s_i}{\sigma} + \frac{X_i}{\sigma} \right)^2 \tag{5.156}$$

令

$$z_i = \frac{s_i}{\sigma} + \frac{X_i}{\sigma} \tag{5.157}$$

则 $z_i (i=1, 2, \cdots, n)$ 是具有均值 s_i/σ 和单位方差的独立高斯变量。于是，可得具有 n 个自由度的非中心 χ^2 分布为

$$f_Q(q) = \frac{1}{2} \left(\frac{q}{\lambda} \right)^{\frac{n-2}{4}} \exp\left\{ -\frac{\lambda}{2} - \frac{q}{2} \right\} I_{\frac{n}{2}-1}(\sqrt{Q\lambda}) \tag{5.158}$$

式(5.158)中，$\lambda=\sum_{i=1}^{n}s_i^2/\sigma^2$ 为非中心参量。

两个统计独立的非中心 χ^2 变量之和仍为非中心 χ^2 变量。若它们的自由度分别为 n_1 和 n_2，非中心参量分别为 λ_1 和 λ_2，则和变量的自由度为 $n=n_1+n_2$，非中心参量为 $\lambda=\lambda_1+\lambda_2$。

例 5.7 设平方律检波器输入端的窄带随机过程 $X(t)$ 为

$$X(t)=a\cos(\omega_0 t+\theta)+N(t) \tag{5.159}$$

式(5.159)中，$a\cos(\omega_0 t+\theta)$ 为随相余弦信号，a，ω_0 为常数。$N(t)$ 是零均值、方差为 σ^2 平稳窄带高斯噪声，其功率谱关于 $\pm\omega_0$ 偶对称。$X(t)$ 经检波并作归一化处理以后，独立采样 m 次，求累加器输出端随机变量的概率密度及其参数。

解：先将 $N(t)$ 表示为

$$N(t)=A_C(t)\cos\omega_0 t-A_S(t)\sin\omega_0 t \tag{5.160}$$

若用 $A(t)$ 表示窄带随机过程 $X(t)$ 的包络，那么在平方律检波器输出端可得到包络平方为

$$A^2(t)=[a\cos\theta+A_C(t)]^2+[a\sin\theta+A_S(t)]^2 \tag{5.161}$$

于是，加法器输出端随机变量 V 为

$$V=\frac{1}{\sigma^2}\left[\sum_{i=1}^{m}(a\cos\theta+A_{ci})^2+\sum_{i=1}^{m}(a\sin\theta+A_{si})^2\right] \tag{5.162}$$

式(5.162)中，$A_{ci}=A_C(t_i)$ 和 $A_{si}=A_S(t_i)$ 分别表示 $A_C(t)$ 和 $A_S(t)$ 在 t_i 时刻的状态。根据 $A_C(t)$，$A_S(t)$ 的有关性质可知，各个 A_{ci}，A_{si} 是同分布的独立标准高斯变量。上式中两个和式分别都是一个自由度为 m 的非中心 χ^2 变量，它们的非中心参量 λ_1 和 λ_2 分别为

$$\begin{cases}\lambda_1=\dfrac{1}{\sigma^2}\displaystyle\sum_{i=1}^{m}(a\cos\theta)^2=\dfrac{ma^2}{\sigma^2}\cos^2\theta\\[2ex]\lambda_2=\dfrac{1}{\sigma^2}\displaystyle\sum_{i=1}^{m}(a\sin\theta)^2=\dfrac{ma^2}{\sigma^2}\sin^2\theta\end{cases} \tag{5.163}$$

由于这两个非中心 χ^2 随机变量也彼此独立，因而它们的和变量 V 也是非中心 χ^2 随机变量，它的自由度 $n=2m$；非中心参量 $\lambda=\lambda_1+\lambda_2=\dfrac{ma^2}{\sigma^2}$，便可得到 V 的概率密度函数为

$$f_V(v)=\frac{1}{2}\left(\frac{v}{\lambda}\right)^{\frac{m-1}{2}}\exp\left\{-\frac{\lambda}{2}-\frac{v}{2}\right\}I_{m-1}(\sqrt{v\lambda}),\quad v\geqslant 0 \tag{5.164}$$

而非中心参量与自由度之比，正好是检波器输入端的功率信噪比。

虽然中心 χ^2 变量与非中心 χ^2 变量的概率密度函数并不严格与高斯概率密度函数相同，但是当自由度较大时，还是会将其近似为高斯分布以简化分析过程。甚至对于均匀分布，有时也将其简化为方差足够大的高斯分布，以利用高斯分布的连续可微特性简化分析过程。

6 低截获概率雷达信号谱特征分析

本章用前几章介绍的谱估计误差下界与验证方法，以低截获概率（Low Probability of Intercept，LPI）雷达信号为例，对其谱特征分析进行介绍。包括 LPI 信号简介、LPI 信号编码设计、LPI 信号时频分析方法以及 LPI 效能评估指标。与经典谱估计方法的区别是，LPI 不是追求谱估计的精度，而是在可放松精度的前提下，降低对模型的约束（例如降低对信噪比的约束）。

6.1 低截获概率信号简介

低截获概率技术的历史可追溯到冷战时期，当时电子战和反雷达技术的发展促使军事通信和雷达系统的隐蔽性变得至关重要。为了对抗越来越先进的敌方监测和电子战设备，军事工程师开始开发能够抗干扰、难以被探测的通信和雷达传输技术。

在 20 世纪 70 年代末至 80 年代初，随着数字技术的进步，LPI 技术得到了显著的提高。数字化的信号处理和数字调制技术使得对信号特性的控制更加精细，包括频率、相位和幅度。这些发展使雷达和通信系统能够生成在功率谱密度上更加分散的信号，从而降低了被侦察设备探测到的概率。

进入 21 世纪，随着计算能力的大幅提升和软件定义无线电（SDR）的出现，LPI 技术得到了进一步的发展。现代 LPI 系统能够实时调整其传输特性，包括采用复杂的调制方案、动态频率变化等，以适应不断变化的电子战环境。

LPI 信号的特点主要包括：

1）宽带频率跳变

通过频繁在宽频带内变更工作频率，LPI 信号难以被敌方的定频接收机或窄带分析仪检测到。这种技术不仅可以避开敌方监测的特定频段，还可以让信号在短时间内分散在宽阔的频带上，使得单个频率上的能量非常低。

2）低功率发射

通过发射低功率信号，使信号的强度仅略高于环境噪声水平，这样不容易被无源监听系统探测到。通过这种方式，LPI 信号可以有效地隐藏在环境噪声中。

3）频谱扩展

采用诸如直接序列扩频(DSSS)或频率跳变扩频(FHSS)的技术，可以将信号的能量在宽广的频率范围内分散，降低单位频率上的功率谱密度，进而减少信号被侦测的概率。

4）复杂的调制和波形设计

通过连续波(CW)调制、多相编码等复杂的波形设计，使得信号的时间和频率特性难以被解析。这样的设计不仅提高了信号的隐蔽性，还可以帮助提升信号的抗干扰能力。

5）脉冲压缩

在雷达系统中，脉冲压缩技术可以使雷达在发射低功率信号的同时，仍保持较高的分辨率和探测距离。

6）时间编码

在通信中，通过对信号进行特定的时间编码，可以使传输的数据在时域上呈现出不规则的模式，难以被时间分析工具所截获。

7）空间波束控制

特别在有相控阵天线的系统中，通过精确控制波束方向，可以将信号的主瓣指向特定区域，减少波束在非目标区域的辐射，降低信号被截获的风险。

随着电子战技术的发展，LPI 技术也在不断进化以适应新的威胁。设计者和工程师不断在算法、硬件设计和信号处理上进行创新，以确保即使在充满挑战的现代电子战场上，LPI 系统也能保持其隐蔽性和有效性。尽管如此，LPI 技术并不是完全无懈可击的，随着对方侦测技术的提升，LPI 系统必须不断地进行更新和升级，以保持一步之遥的优势。在实际应用中，LPI 技术的设计往往需要在系统的隐蔽性、通信距离、数据吞吐量和系统复杂性之间进行权衡。此外，LPI 系统的实施还需要考虑成本和技术可行性，这意味着实际的 LPI 解决方案必须在功能强大和成本效益之间找到合适的平衡点。随着技术的不断进步，未来的 LPI 系统将可能采用人工智能和机器学习算法来进一步提高其适应性和效能，但这也可能在一定程度上增加系统的复杂性和成本。

6.2 低截获概率信号编码设计

6.2.1 二相码

二进制巴克序列是有限长、幅度恒定的离散时间序列，其相位要么为 0，要么为 π。巴克序列的正式定义如下：

定义 巴克序列是一种有限长序列 $\{A\}=\{a_0,\ a_1,\ \cdots,\ a_n\}$，取值为 $+1$ 和 -1，长度 $n\geqslant 2$，当 $k\neq 0$ 时，其非周期自相关系数(或旁瓣)为

$$r_k = \sum_{j=1}^{n-k} a_j a_{j+k} \tag{6.1}$$

满足条件 $|\gamma_k| \leqslant 1$，同样有 $\gamma_{-k} = \gamma_k$。所以，二进制巴克码序列具有元素 $a_i \in \{-1, +1\}$，已知的长度只有 $N_c=2, 3, 4, 5, 7, 11$ 和 13，9 种已知的巴克序列及其 PSL(dB)和 ISL(dB)如表 6-1 所示。最长的码长度为 $N_c=13$。表中的 9 个序列采用"+"来表示"+1"，"−"来表示"−1"。已经证明，当长度大于 13，且 N_c 为奇数时，二进制巴克序列不存在；当 $4 < N_c < 1\,898\,884$，且 N_c 为偶数时，二进制巴克序列不存在；据推测，当 $N_c \geqslant 1\,898\,884$ 且 N_c 为偶数时，二进制巴克序列也不存在。

表 6-1　9 种巴克码伴随着对应的 PSL 和 ISL

码长	码元	PSL/dB	ISL/dB
2	−+，+−	−6.0	−3.0
3	++−	−9.5	−6.5
4	++−+	−12.0	−6.0
4	+++−	−12.0	−6.0
5	+++−+	−14.0	−8.0
7	+++−−+−	−16.9	−9.1
11	+++−−−+−−+−	−20.8	−10.8
13	+++++−−++−+−+	−22.3	−11.5

6.2.2　多相码

多相序列是幅度恒定、相位可变的有限长离散时间复序列。多相编码对连续载波进行相位调制，多相序列由许多离散相位组成。或者说，序列元素取自一个长度大于 2 的列表。增加序列的元素数目或相位值可以构造更长的序列，从而使接收机获得具有更大处理增益的高距离分辨力波形或等效于一个更大的压缩比，其代价是所需的匹配滤波器比巴克码滤波器更为复杂。注意，更大的序列长度，不会影响天线端的信号带宽。

满足巴克准则的多相序列（所谓多相巴克码）目前还在研究之中，试图找到更长的序列。多相压缩编码也源于近似步进线性调频波形（Frank，P1，P2）和线性调频波形（P3，P4）。这些编码是通过将波形划分为相同持续时间的子码，对每个子码选用与其基础波形的整个相轨迹最佳匹配的相位值而获得的。波形近似的另一种方法是将基础波形量化为用户可选的相位状态数，在整个波形的持续时间内使每个相位状态所占的时间产生变化。这种编码被称为多时编码。其他的编码（如多相码）是对一个相位函数采用阶梯近似来获得的，其相位函数源于一个具有适当能量密度的非线性调频波形。

对于单边带检测，其结果就是 Frank 编码。例如，假设本振从扫频步进开始就近似为线性调频波形。多相码的第一组 M 个采样点的相位为 0；第二组 M 个采样点从 0 相位开始，每个采样点间按增量进行递增；第三组的 M 点采样从 0 相位开始，按增量（$(3-1)(2\pi/M)$）进行递增，以此类推。

Frank 信号是对 LFM 信号进行阶梯近似后得到的，其相位可以表示为

$$\varphi(n)_{N_i,N_j}=\frac{2\pi}{M}(N_i-1)(N_j-1) \tag{6.2}$$

式(6.2)中，M 表示对每个步进频率进行采样的点数；N_j 为给定步进数，$N_i=1, 2, \cdots, M$；N_i 为给定采样点数，$N_j=1, 2, \cdots, M$。图 6.1 所示为 $M=8(N_{code}=64)$ 时 Frank 信号的相位、频域和模糊函数仿真图。

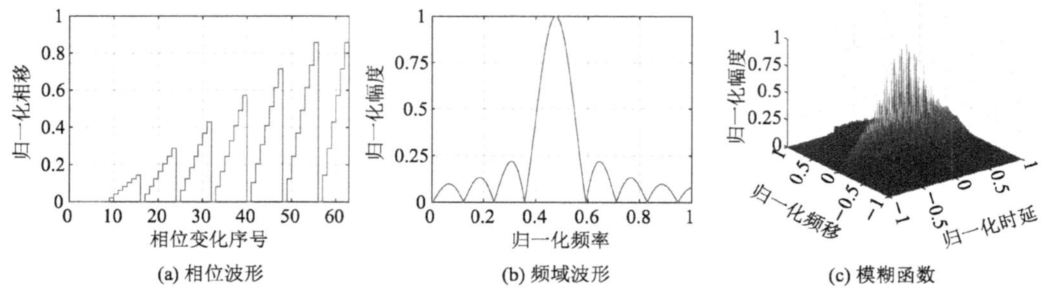

图 6.1　Frank 信号的相位、频域和模糊函数仿真图

P1 信号是对步进频率信号进行阶梯近似后产生的，其码元长度 $N_{code}=M^2$，其相位见式(6.3)。图 6.2 所示为 $M=8(N_{code}=64)$ 时 P1 信号的相位、频域和模糊函数仿真图。

$$\varphi(n)_{N_i,N_j}=\frac{-\pi}{M}[M-(2N_j-1)][(N_j-1)M+(N_i-1)] \tag{6.3}$$

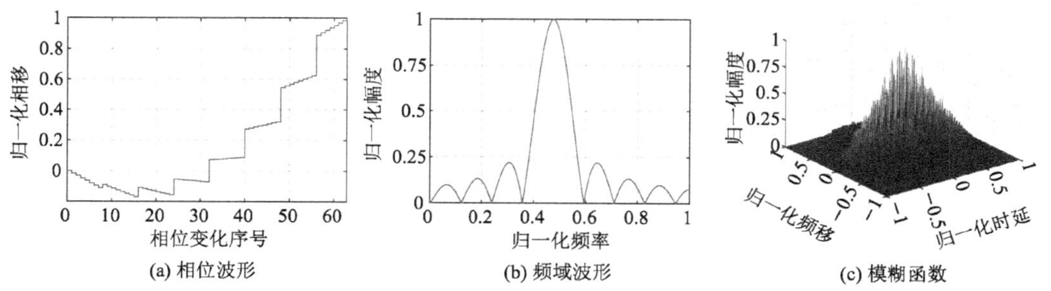

图 6.2　P1 信号的相位、频域和模糊函数仿真图

P2 信号除每组相位的起始位置不同外，其余与 P1 信号相同，其相位见式(6.4)。式中，$M=2, 4, 6$，编码 M 为偶数是为了降低其峰值旁瓣比，图 6.3 所示为 $M=8(N_{code}=64)$ 时 P2 信号的相位、频域和模糊函数仿真图。

$$\varphi(n)_{N_i,N_j}=\frac{-\pi}{2M}(2N_i-1-M)(2N_j-1-M) \tag{6.4}$$

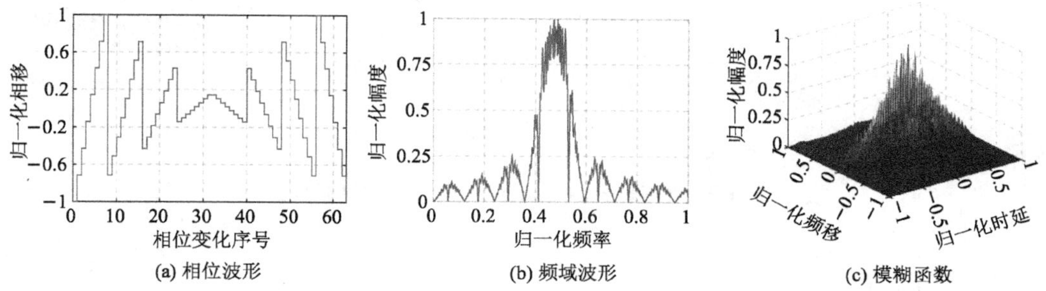

图 6.3　P2 信号的相位、频域和模糊函数仿真图

P3 信号通过单边带检测，将 LFM 信号转化为基带信号，P3 信号的第 N_i 个采样点的相位见式(6.5)。图 6.4 所示为 $M=8(N_{code}=64)$ 时 P3 信号的相位、频域和模糊函数仿真图。

$$\varphi(n)_{N_i}=\frac{\pi}{N_{code}}(N_i-1)^2 \tag{6.5}$$

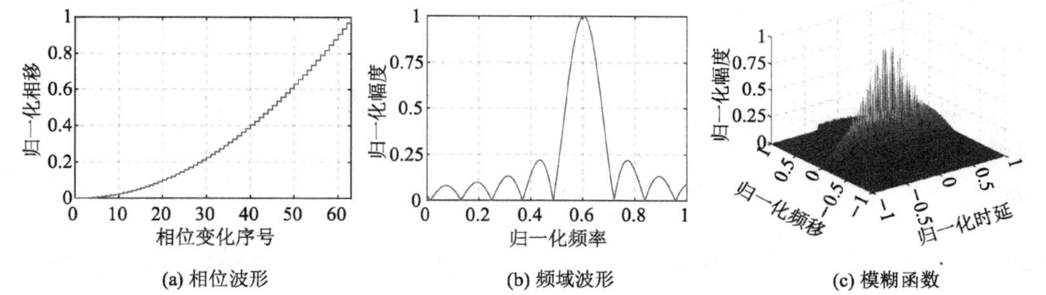

图 6.4　P3 信号的相位、频域和模糊函数仿真图

P4 信号是以奈奎斯特速率对 LFM 信号的相位进行采样得到的，表现出与 LFM 信号相关的距离-多普勒耦合特性和更低的峰值旁瓣比，P4 信号的第 N_i 个采样点的相位表示为

$$\varphi(n)_{N_i}=\frac{\pi(N_i-1)^2}{N_{code}}-\pi(N_i-1) \tag{6.6}$$

图 6.5 所示为 $M=8(N_{code}=64)$ 时 P4 信号的相位、频域和模糊函数仿真图与模糊函数图，具有与 Frank 编码类似的特性。

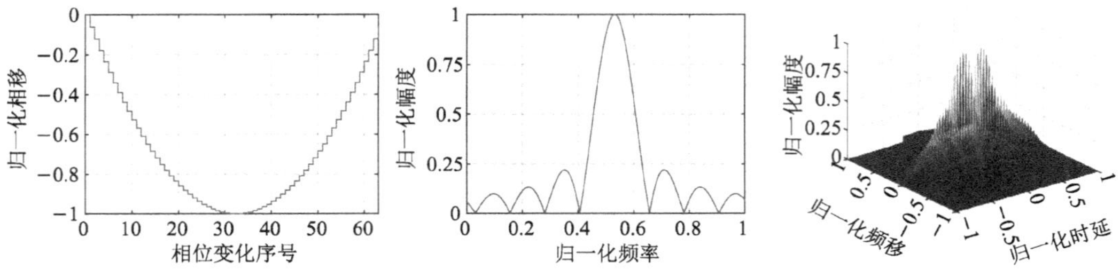

(a) 相位波形　　(b) 频域波形　　(c) 模糊函数

图 6.5　P4 信号的相位、频域和模糊函数仿真图

6.2.3　多时码

如上所述的 Frank、P1、P2、P3、P4 码是通过对步进频率或线性调频波的近似发展起来的，其相位步进的变化需要对基础波形进行近似，任何给定的相位状态所占用的时间是一个常量。步进频率或线性调频波形近似的另一种方法是将基础波形量化为由用户选择的相位状态数。在这种情况下，每个相位状态占用的时间在整个波形的持续时间内是变化的。这种采用固定相位状态而每个相位状态有不同时间周期的编码序列就称为多时码。

由步进频率模型产生的两类多时码波形定义为 T1(n)和 T2(n)，n 为基础波形近似的相位状态数。T3(n)和 T4(n)多时序列是由线性调频波形近似的，增加相位状态数可以提高基础波形多时近似的质量，但也会降低每个给定的相位状态所占用的时间，从而使得波形的产生复杂化。相位状态(或位)的持续周期变化为时间的函数，最小的位持续时间决定了波形的带宽。

T1 信号是令步进频率信号的相位首段为零时产生的，其相位调制函数的连续表达式为

$$\varphi(t)=\mathrm{mod}\left\{\frac{2\pi}{N_{phase}}\left\lceil(N_k t-\mathrm{j}T_m)\frac{\mathrm{j}N_{phase}}{T_m}\right\rceil,\ 2\pi\right\} \tag{6.7}$$

式(6.7)中，mod(•)为求模函数；⌈•⌉为向上取整函数；N_{phase} 为该编码序列的相位状态数；$j=0, 1, \cdots, N_k-1$ 为步进频率波形的段号；N_k 为波形段数；T_m 为该编码序列的调制周期。图 6.6 所示为 T1 信号的未折叠相位、频域和模糊函数仿真图。

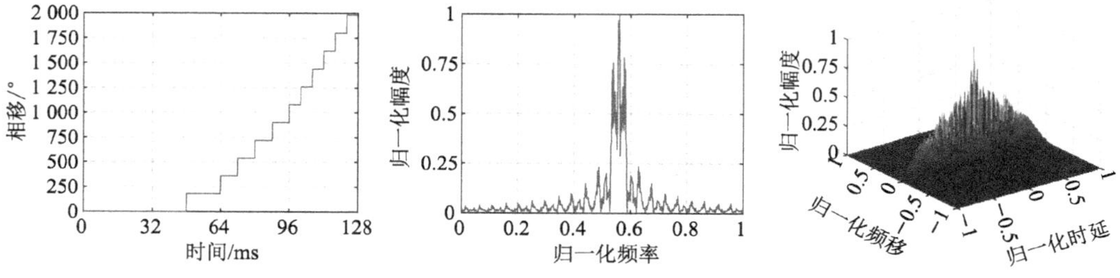

(a) 未折叠相位波形　　(b) 频域波形　　(c) 模糊函数

图 6.6　T1 信号的未折叠相位、频域和模糊函数仿真图

T2 信号是令步进频率信号的相位中间段为零时产生的，如果近似奇数段的步进频率信号，令其中心段相位为 0；如果近似偶数段的步进频率信号，令其两端相位为 0，则 T2 信号的相位调制函数的连续表达式见式(6.8)。图 6.7 所示为 T2 信号的未折叠相位、频域和模糊函数仿真图。

$$\varphi(t)=\operatorname{mod}\left\{\frac{2\pi}{N_{phase}}\left[(N_k t-\mathrm{j}T_m)\left(\frac{2j-N_k+1}{T_m}\right)\frac{N_{phase}}{2}\right],\ 2\pi\right\} \tag{6.8}$$

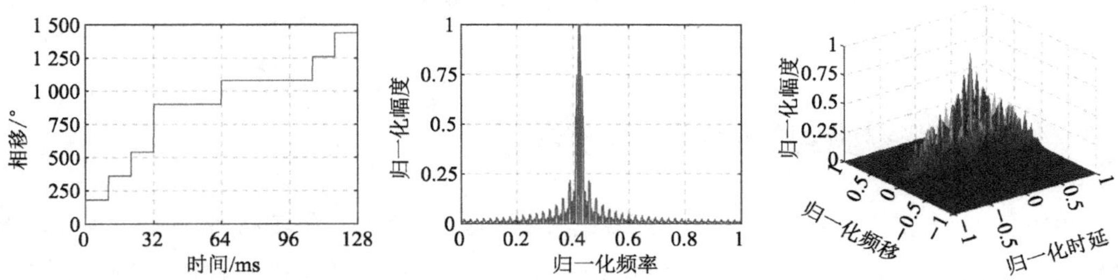

(a) 未折叠相位波形　　(b) 频域波形　　(c) 模糊函数

图 6.7　T2 信号的未折叠相位、频域和模糊函数仿真图

T3 信号是令 LFM 信号的相位首段为零时产生的，其相位调制函数的连续表达式见式(6.9)。图 6.8 所示为 T3 信号的未折叠相位、频域和模糊函数仿真图。

$$\varphi(t)=\operatorname{mod}\left\{\frac{2\pi}{N_{phase}}\left[\frac{N_{phase}\Delta F t^2}{2T_m}\right],\ 2\pi\right\} \tag{6.9}$$

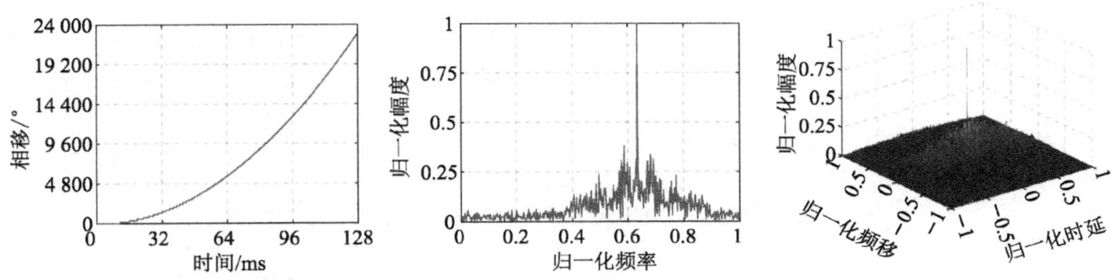

(a) 未折叠相位波形　　(b) 频域波形　　(c) 模糊函数

图 6.8　T3 信号的未折叠相位、频域和模糊函数仿真图

T4 信号是令 LFM 信号的相位中心段为零时产生的，其相位调制函数见式(6.10)。图 6.9 所示为 T4 信号的未折叠相位、频域和模糊函数仿真图。

$$\varphi(t)=\operatorname{mod}\left\{\frac{2\pi}{N_{phase}}\left[\frac{N_{phase}\Delta F t^2}{2T_m}-\frac{N_{phase}\Delta F t}{2}\right],\ 2\pi\right\} \tag{6.10}$$

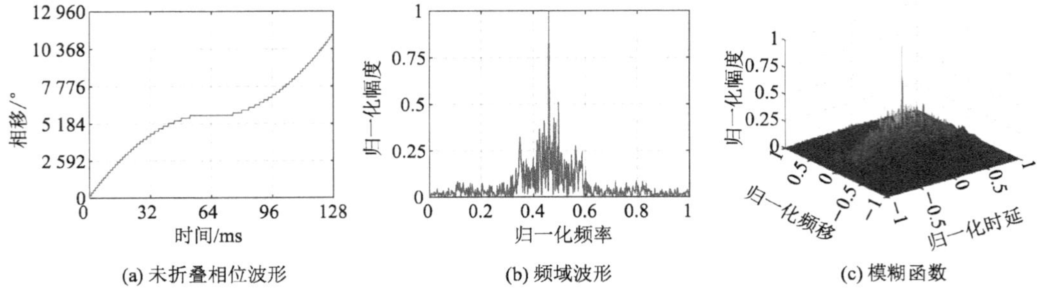

(a) 未折叠相位波形　　(b) 频域波形　　(c) 模糊函数

图 6.9　T4 信号的未折叠相位、频域和模糊函数仿真图

6.3　低截获概率信号的时频分析方法

传统的信号处理方法主要依赖于信号的时域和频域分析。时域特征参数主要是利用时域自相关函数计算得到的，方法简单且易于实现，但容易受到噪声干扰以及测量精度和连续性的影响，不利于精确的识别判决。频域特征通过频谱分析法进行提取，计算方法也较为简单。然而频域分析通常分析的是信号的整体特征，不能将信号特征局部化，理论上只适用于平稳信号。而对于非平稳信号，参数具有时变性。

就时变非平稳信号，经典的基于时域或频域的信号分析方法无法有效建立雷达信号的时域一频域的对应关系，因此必须采用二维变换域的信号处理方法，其通过描述信号频率随时间变化的趋势，建立了时域一频域的有效对应联系，可以同时弥补傅里叶变换只能筛选频域而时频分辨率不足的缺点。迄今为止，众多研究人员已经提出了各种时频分析方法，利用时间和频率的联合函数来表示信号，简称为信号的时频表示，时频表示分为线性和二次型两种。典型的线性时频表示有短时傅里叶变换和小波变换。在很多实际场合还需要二次型的时频表示来描述该信号的能量密度分布，称之为信号的时频分布，典型的是 Wigner-Ville 分布。本节将详细介绍几种时频分析方法。

6.3.1　短时傅里叶变换(Short-Time Fourier Transform, STFT)

给定一个时间宽度很短的窗函数让窗“滑动”，则信号的短时傅里叶变换(STFT)可以定义为

$$STFT_s(t, f)=\int_{-\infty}^{\infty} s(u)\eta^*(u-t)\mathrm{e}^{-j2\pi fu}\mathrm{d}u \tag{6.11}$$

式(6.11)中，$*$ 表示复共轭。

由式(6.11)可见，正是由于窗函数 $\eta(t)$ 的存在，使得短时傅里叶变换成为时间和频率的二维函数，它将信号的时域和频域联系起来，可以据此对信号进行时频分析。定义式表

明，信号 $s(u)$ 在时间 t_0 处的短时傅里叶变换就是信号乘上一个短窗函数 $\eta(u-t_0)$，即取出信号在分析时间点 t_0 附近的一个切片，所以短时傅里叶变换 $STFT_s(t, f)$ 可以理解为信号 $s(u)$ 在时间 t 附近的傅里叶变换，即“局部频谱”。

1）短时傅里叶变换的完全重构条件

为了使短时傅里叶变换真正成为一种有实际价值的非平稳信号分析工具，信号 $s(t)$ 应该能够由 $STFT_s(t, f)$ 完全重构出来。

记重构窗函数为 $g(t)$，则要求窗函数满足以下条件

$$\int_{-\infty}^{\infty}\eta^*(t)g(t)\mathrm{d}t=1 \tag{6.12}$$

证明如下，假设重构公式为

$$\beta(\lambda)=\int_{-\infty}^{\infty}\int_{-\infty}^{\infty}STFT_s(t, f)g(\lambda-t)\mathrm{e}^{\mathrm{j}2\pi f\lambda}\mathrm{d}t\mathrm{d}f \tag{6.13}$$

将定义式带入式(6.13)得

$$\begin{aligned}\beta(\lambda)&=\int_{-\infty}^{\infty}\int_{-\infty}^{\infty}\left[\int_{-\infty}^{\infty}s(u)\eta^*(u-t)\mathrm{e}^{-\mathrm{j}2\pi fu}\mathrm{d}u\right]g(\lambda-t)\mathrm{e}^{\mathrm{j}2\pi f\lambda}\mathrm{d}t\mathrm{d}f\\&=\int_{-\infty}^{\infty}\int_{-\infty}^{\infty}\left[\int_{-\infty}^{\infty}\mathrm{e}^{-\mathrm{j}2\pi f(u-\lambda)}\mathrm{d}f\right]s(u)\eta^*(u-t)g(\lambda-t)\mathrm{d}u\mathrm{d}t\\&=\int_{-\infty}^{\infty}\int_{-\infty}^{\infty}s(u)\eta^*(u-t)g(\lambda-t)\delta(u-\lambda)\mathrm{d}u\mathrm{d}t\\&=s(\lambda)\int_{-\infty}^{\infty}\eta^*(\lambda-t)g(\lambda-t)\mathrm{d}t=s(\lambda)\int_{-\infty}^{\infty}\eta^*(t)g(t)\mathrm{d}t\end{aligned} \tag{6.14}$$

因此，为了完全重构信号，必须满足条件 $\int_{-\infty}^{\infty}\eta^*(t)g(t)\mathrm{d}t=1$。

2）离散条件

在实际应用中，需要对 $STFT_s(t, f)$ 进行离散化处理，为此在时频面上等间隔时频网络点 $(m\cdot\Delta t, n\cdot\Delta f)$ 处采样，其中 Δt，Δf 分别表示时间变量和频率变量的采样间隔，则短时傅里叶变换的离散形式为

$$STFT_s(m, n)=\sum_{k=-\infty}^{\infty}(k)h(kDt-mDt)\mathrm{e}^{-\mathrm{j}2\pi(n\Delta f)k} \tag{6.15}$$

图 6.10 为不同信号的 STFT 变换结果。

3）短时傅里叶变换之中窗口长度与分辨率之间的关系

短时傅里叶变换的分辨率与窗口长度 n 的选取、平移的步长 step 都有关系。

当窗口大到整个信号长度时，短时傅里叶变换就退化为傅里叶变换，没有时间维度。当窗口小到单个采样点时，分析也就退化为时域分析，无法做频域分析。

一个好的时间分辨率需要一个短的窗函数，然而窗太窄，窗内的信号太短，会导致频

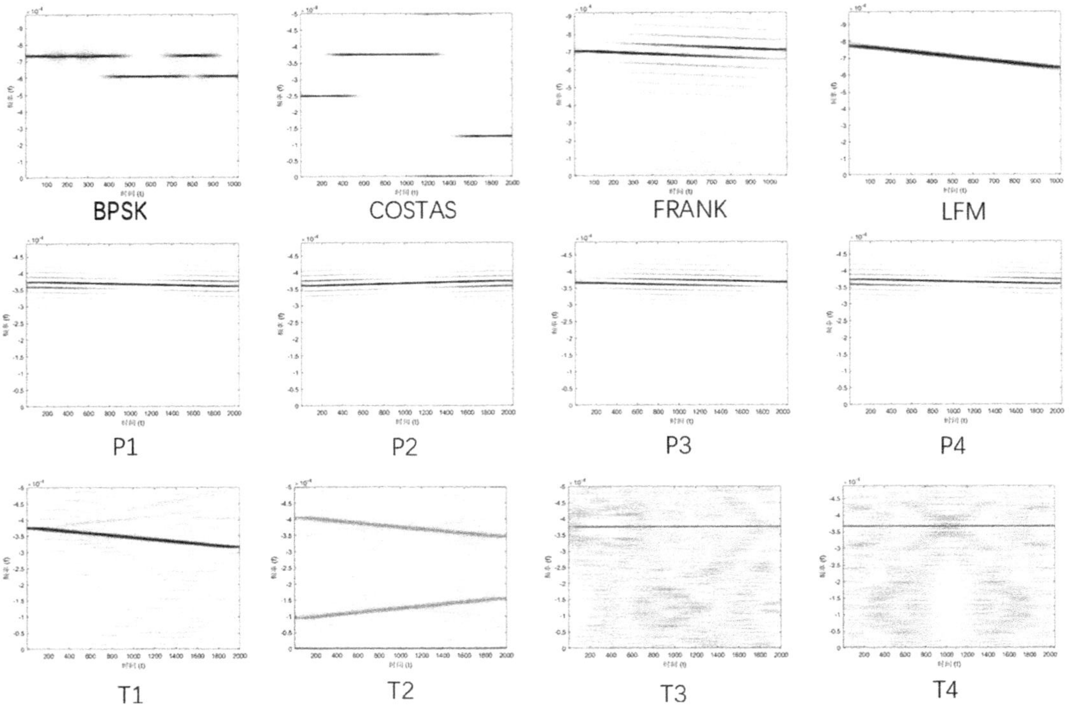

图 6.10　不同信号 STFT 结果的时频图

率分析不够精准，频率分辨率差。

一个高的频率分辨率需要一个长的窗函数，然而窗太宽，时域上又不够精细，时间分辨率低。

根据 Heisenberg 不确定性原理，时间分辨率与频率分辨率不能同时任意小，它们的乘积受到一定值的限制，要提高时间分辨率就要降低频率分辨率，反之亦然。

4）短时傅里叶变换的局限性

短时傅里叶变换虽然可以描述某一局部时间段上的频率信息，但是其时域、频域的分辨率不随时间 t 和频率 f 的变化而变化。

在实际应用中，一旦选择了窗函数，时间分辨率和频率分辨率也随之确定。对于非平稳信号的分析，可能会遇到这样的情况：在某些短时段内，信号主要包含高频信息，这时使用较短的时间窗进行分析；而在其他较长的时段内，信号主要包含低频信息，在这种情况下则需要使用较长的时间窗进行分析。

因此，具有固定窗宽的短时傅里叶变换更适合用于分析准稳态信号。然而，对于时变的非平稳信号，短时傅里叶变换难以找到一个能够适应信号在不同时间段特性的时间窗口，无法灵活地调整以适应信号在不同时间段的频率特性，从而限制了其在非平稳信号分析中的应用效果。

图 6.10 所示为不同信号的 STFT 变换结果，在各个图片下方标注了具体信号的名称。可以看出不同调制信号的 STFT 结果不同，可以用来区分不同的信号。虽然 STFT 算法速度快且不会产生交叉项，但是 STFT 需选择固定的窗函数及其长度，依据不确定性原理，其窗函数长度与时频分辨率是相互矛盾的。因此，STFT 缺乏适应性，它仅适用于分析短时间窗口尺度上稳定的平稳信号，不适用于分析非平稳信号。在图 6.10 中，可以看出 FRANK、T3、T4 信号的时频分辨率较低，质量较差。

6.3.2 魏格纳-威尔分布(Wigner-Ville Distribution, WVD)

在信号处理中，WVD 分布(Wigner-Ville Distribution)主要作为一种非常有用的双线性时频分析技术。

WVD 广泛应用于多个工程领域，包括 WVD 的光学实现、医学应用图像分析、目标检测和非平稳(LPI)信号的分析。

对于线性调制信号，WVD 在时频平面具有最高的信号能量集中性，但是对于非线性的频率调制信号其集中性则存在损失。在每一对信号分量之间，WVD 还包含干扰交叉项。从接下来的例子中可以看出，交叉项的存在有时候使得 LPI 调制参量的判别变得很困难。

一个连续的一维 WVD 函数(输入信号)为

$$W_x(t, \omega)=\int_{-\infty}^{+\infty} x\left(t+\frac{\tau}{2}\right) x^*\left(t-\frac{\tau}{2}\right) \mathrm{e}^{-\mathrm{j}\omega\tau} \mathrm{d}\tau \tag{6.16}$$

式(6.16)中，$*$ 为复共轭，t 为时间变量；ω 是角频率 $(2\pi f)$。

WVD 是一个以时间和频率为自变量的描述信号幅度的三维函数。由于 LPI 发射机调制的变化，连续波波形的压缩形式也随时间而变化，这些不同类型的时频分布能够更好地检测调制参量。WVD 还可以通过 $x(t)$ 的傅里叶变换 $X(\omega)$ 来定义，表示为

$$W_X(\omega, t)=\frac{1}{2\pi}\int_{-\infty}^{\infty} X\left(\omega+\frac{\omega_0}{2}\right) X^*\left(\omega-\frac{\omega_0}{2}\right) \mathrm{e}^{-\mathrm{j}\omega_0 t} \mathrm{d}\omega_0 \tag{6.17}$$

式(6.16)与式(6.17)的关系如下

$$W_x(t, \omega)=W_X(\omega, t) \tag{6.18}$$

也就是说，一个信号谱的 WVD 可以简单地通过交换频率和时间变量从时间 WVD 函数得到，这就是空域和频域的对偶性。

图 6.11 所示为不同信号的 WVD 结果。在各个图片下方标注了具体信号的名称。可以看出不同调制信号的 WVD 结果不同，可以用来区分不同的信号。由于 WVD 不是线性的，多分量信号的 WVD 并不等于这些信号分量的 WVD 之和，会产生一定的干扰交叉项。

交叉项是由于非线性二次变换引起的时间和频率之间的干扰产生的，通常出现在信号能量为零的位置上，不利于信号特征的提取。由于交叉项的幅度是自项的两倍，导致时频特征模糊。在图 6. 11 中，可以看出每个信号都被交叉项不同程度的影响，尤其是 T3 和 T4 信号。

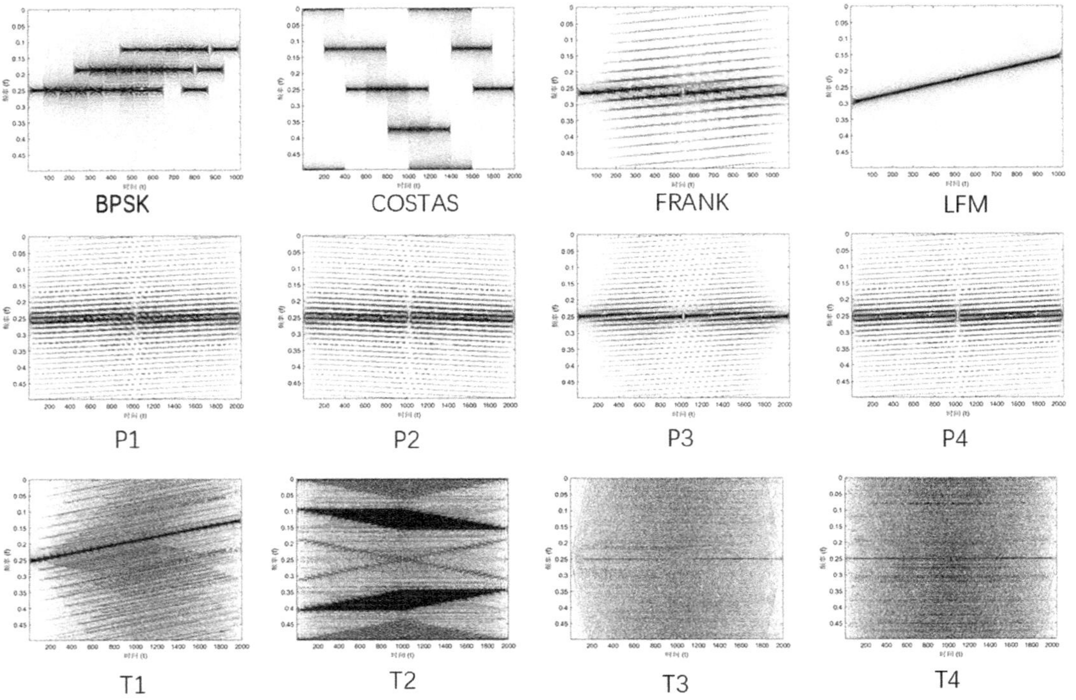

图 6. 11　不同信号 WVD 结果

6.3.3　改进的魏格纳-威尔分布

WVD 是一种高分辨率的时频分析方法，但它存在交叉项干扰的问题。为了解决这个问题，研究者们提出了多种改进的时频分析方法。

1）伪魏格纳-威尔分布（Pseudo Wigner-Ville Distribution，PWVD）

PWVD 通过在时间或频率方向上应用一个窗口函数来减少交叉项的影响，这种方法通过牺牲一定的时频分辨率来换取交叉项的抑制。

式(6. 16)表明 WVD 的计算是非因果的。因此，该式并不能用于实际的 WVD 计算。这一限制可以通过将 WVD 分析应用于一组采样的时间序列 $x(l)$ 中来克服，l 为从 $-\infty$ 到 ∞ 的离散时间序号。离散的 WVD 定义为

$$W(l,\ \omega)=2\sum_{n=-\infty}^{\infty}x(l+n)x^{*}(l-n)\mathrm{e}^{-\mathrm{j}2\omega n} \tag{6.19}$$

对 PWVD 结果进行加窗，有

$$W(l, \omega)=2\sum_{n=-N+1}^{N-1} x(l+n)x^*(l-n)w(n)w(-n)\mathrm{e}^{-\mathrm{j}2\omega n} \tag{6.20}$$

式(6.20)中，$w(n)$ 是一个长度为 $2N-1$ 的实窗且 $w(0)=1$。

用 $f_l(n)$ 表示核函数，有

$$f_l(n)=x(l+n)x^*(l-n)w(n)w(-n) \tag{6.21}$$

则 PWVD 变成

$$W(l, \omega)=2\sum_{n=-N+1}^{N-1} f_l(n)\mathrm{e}^{-\mathrm{j}2\omega n} \tag{6.22}$$

N 的选择(通常是 2^N)对 PWVD 输出的运算量和时频分辨力影响很大。由式(6.22)可知，大的 N 值可以获得高的时频分辨力。对连续变量 ω 采样得到合适的离散傅里叶变换时，更大的 N 会得到更多的输出样本，从而产生更加平滑的结果。N 的最大值受限于

$$N \leqslant \frac{M+1}{2}$$

上式中，M 表示数据的长度，一旦 N 被选定，就能得到核函数。

2）时变伪魏格纳-威尔分布（Time-Variant Pseudo Wigner-Ville Distribution，TPWVD）

TPWVD 通过在时间方向上应用一个窗口函数 $g(\tau)$ 来平滑 WVD，其定义为

$$TPW_x(t, f)=\int_{-\infty}^{\infty} g(\tau)x\left(t+\frac{\tau}{2}\right)x^*\left(t-\frac{\tau}{2}\right)\mathrm{e}^{-\mathrm{j}2\pi f\tau}\mathrm{d}\tau \tag{6.23}$$

TPWVD 的主要优点是它能够在一定程度上减少交叉项的干扰，从而提高时频表示的清晰度。然而，这种减少交叉项的效果是以牺牲时间分辨率为代价的。窗口函数 $g(\tau)$ 的选择会影响时间分辨率和交叉项抑制的平衡。

3）频率伪魏格纳-威尔分布（Frequency Pseudo Wigner-Ville Distribution，FPWVD）

与 TPWVD 类似，FPWVD 通过在频率方向上应用一个窗口函数来减少 WVD 中的交叉项干扰。其定义为

$$FPW_x(t, f)=\int_{-\infty}^{\infty} h(f)x\left(t+\frac{\tau}{2}\right)x^*\left(t-\frac{\tau}{2}\right)\mathrm{e}^{-\mathrm{j}2\pi f\tau}\mathrm{d}\tau \tag{6.24}$$

4）平滑伪魏格纳-威尔分布

平滑伪 Wigner-Ville 分布(Smoothed Pseudo Wigner-Ville Distribution，SPWVD)是一种 Cohen 类时频分布，通过对 WVD 在时域和频域两个方向添加独立的窗函数来抑制混叠信号中的交叉项，并且可以灵活设计窗函数的形式和长度，分别控制时间和频率的聚

集性，在实际工程中得到了广泛应用。任意信号 $x(t)$的 SPWVD 可以表示为

$$SPW_x(t,\omega)=\int_{-\infty}^{+\infty}\int_{-\infty}^{+\infty}g(u)h(\tau)x\left(t-u+\frac{\tau}{2}\right)x^*\left(t-u-\frac{\tau}{2}\right)\mathrm{e}^{-\mathrm{j}\omega\tau}\mathrm{d}u\mathrm{d}\tau \tag{6.25}$$

式(6.25)中，$g(t)$ 和 $h(\tau)$ 均为实偶函数，且 $g(0)=h(0)=1$。

6.3.4 崔-威廉斯分布(Choi-Williams Distribution，CWD)

由 PWVD 获得的时频特性可以有效地识别 LPI 波形的调制参数。然而，特别是在低信噪比的情况下，PWVD 时频图像包含有很强的交叉项，这给调制识别和调制参数的提取带来了困难。本节主要讨论在 Choi-Williams 分布中采用时频分布的双线性广义类中的指数核，以减少在 PWVD 中普遍存在的交叉项。CWD 还被用来识别 LPI 调制。通过使用 CWD 分析工具，可以将截获接收处理增益提高到 LPI 发射机的水平。时频平面上强交叉项的消失，从而更容易确定调制类型，调制参数的提取也变得更为简单。

Cohen 提出的时频分布广义类如下

$$C_f(t,\omega,\phi)=\frac{1}{2\pi}\iiint\mathrm{e}^{\mathrm{j}(\xi\mu-\tau\omega-\xi t)}\phi(\xi,\tau)A(\mu,\tau)\mathrm{d}\mu\mathrm{d}\tau\mathrm{d}\xi \tag{6.26}$$

式(6.26)中 $\phi(\xi,\tau)$ 是一个核函数，且 $A(\mu,\tau)=x\left(\mu+\frac{\tau}{2}\right)x^*\left(\mu-\frac{\tau}{2}\right)$，$A(\mu,\tau)$ 中，$x(u)$ 是时间信号。

式(6.26)表示一个在时间和频率空间都有较高分辨力且满足边界条件的双线性广义类。对于多分量信号，在 Wigner-Ville 分布中出现交叉项的概率相当大，而交叉项引起的干扰会掩盖 LPI 信号调制的相关分量。

Choi 和 Williams 意识到，通过仔细选择式(6.26)中的核函数可以在保留各分量项期望性质的前提下使得计算的交叉项最小化。Choi-Williams 分布采用指数加权核函数来减少分布的交叉项。这个核函数即

$$\phi(\xi,\tau)=\mathrm{e}^{-\xi^2\tau^2/\sigma} \tag{6.27}$$

式(6.27)中，$\sigma(\sigma>0)$ 是一个缩放因子。

将该核函数代入式(6.25)，输入信号 $x(t)$ 的连续 CWD 可表示为

$$CWD_x(t,\omega)=\int_{-\infty}^{\infty}\mathrm{e}^{-\mathrm{j}\omega\tau}\left[\int_{-\infty}^{\infty}\sqrt{\frac{\sigma}{4\pi\tau^2}}G(\mu,\tau)A(\mu,\tau)\mathrm{d}\mu\right]\mathrm{d}\tau \tag{6.28}$$

式(6.28)中，$G(\mu,\tau)=\mathrm{e}^{\sigma(\mu-t)^2/(4\tau^2)}$，$t$ 是时间变量；ω 是角频率变量 $(2\pi f)$；σ 是正缩放因子；方括号部分则是时间自相关估计。正如 WVD 一样，CWD 能够定义为 $x(t)$ 的傅里叶变换 $X(\omega)$ 的表达式，即

$$CWD_X(t,\omega)=\frac{1}{2\pi}\int_{\xi=-\infty}^{\infty}\mathrm{e}^{-\mathrm{j}\xi t}\int_{\mu=-\infty}^{\infty}\sqrt{\frac{\sigma}{4\pi\xi^2}}\mathrm{e}^{\frac{(\mu-\omega)^2}{4\xi^2/\sigma}}X\left(\mu+\frac{\xi}{2}\right)X^*\left(\mu-\frac{\xi}{2}\right)\mathrm{d}\mu\mathrm{d}\xi \tag{6.29}$$

离散形式的 CWD 为

$$CWD_x(l,\omega)=2\sum_{\tau=-\infty}^{\infty}\mathrm{e}^{-\mathrm{j}2\omega\tau}\sum_{\mu=-\infty}^{\infty}\frac{1}{\sqrt{4\pi n^2/\sigma}}\mathrm{e}^{-\sigma(\mu-l)^2/(4\tau^2)}x(\mu+\tau)x^*(\mu-\tau) \tag{6.30}$$

为了方便计算，每个时间序号 l 计算分布之前运用加权窗函数 $W_N(\tau)$ 和 $W_M(\mu)$ 对式(6.30)求和，则加窗 CWD 可以表示成如下形式

$$CWD_x(l,\omega)=2\sum_{\tau=-\infty}^{\infty}W_N(\tau)\mathrm{e}^{-\mathrm{j}2\omega\tau}\sum_{\mu=-\infty}^{\infty}W_M(\mu)\sqrt{\frac{\sigma}{4\pi\tau^2}}\mathrm{e}^{-\frac{\sigma\mu^2}{4\tau^2}}x(l+\mu+\tau)x^*(l+\mu-\tau) \tag{6.31}$$

式(6.31)中，$W_N(\tau)$ 是一个对称窗函数，在范围 $-N/2\leqslant\tau\leqslant N/2$ 内取非零值；$W_M(\mu)$ 是一个在范围 $-M/2\leqslant\tau\leqslant M/2$ 内为 1 的矩形窗函数。参数 N 是窗函数 $W_N(\tau)$ 的长度。N 和窗的形状决定了分布的频率分辨率。参数 M 则表示 $W_M(\mu)$ 的长度，它确定了估计时间自相关的范围。

式(6.31)中的 CWD_x 可以表示为

$$CWD_x(l,\omega)=2\sum_{n=-L}^{L}S(l,n)\mathrm{e}^{-\mathrm{j}2\omega n} \tag{6.32}$$

式(6.32)中，核函数为

$$S(l,n)=W(n)\sum_{\mu=-M/2}^{M/2}\frac{1}{\sqrt{4\pi n^2/\sigma}}\mathrm{e}^{\frac{-\sigma(\mu^2-l)^2}{4n^2/\sigma}}x(\mu+n)x^*(\mu-n) \tag{6.33}$$

式(6.33)中，$W(n)$ 是一个对称窗函数，例如 Hamming 窗，在 $[-L,L]$ 上有非零值。

上述窗函数中 N 和 M 的选择将分别决定 CWD 的频率分辨率和即将定义的函数范围。Choi 和 Williams 表示，减小 $W(n)$ 的长度等同于减少“交叉项的纹波起伏”，这同时将会降低分布的频率分辨率。换句话说，减少交叉项和提高分布的频率分辨率不可能同时兼顾。

将式(6.33)中的核函数与 Wigner-Ville 分布给定的核函数

$$f_\ell(n)=x(l+n)x^*(l-n)w(n)w(-n) \tag{6.34}$$

相比较就会发现，CWD 和 Wigncr-Ville 分布具有相似的参数，但 CWD 包含一个指数项并且引入了一项新的求和，而且 CWD 的核函数是一系列的高斯分布。Barry 指出，这些分布都呈对角分布，且每个分布的均值和方差分别为 1 和 $2n^2/\sigma$。

与 Wigner-Ville 分布类似，离散 CWD 可以通过设定 $\omega=\pi k/2N$ 获得 DFT 的形式，将

其代入上面的式(6.32)和式(6.33)并加入窗限制,可得

$$CWD_x\left(l,\ \frac{\pi k}{2n}\right)=2\sum_{n=0}^{2N-1}S'(l,\ n)\mathrm{e}^{-j2\pi kn/N} \tag{6.35}$$

式(6.35)中,核函数 $S'(l,\ n)$ 定义为

$$S'(l,\ n)=\begin{cases} S(l,\ n), & 0\leqslant n\leqslant N-1 \\ 0, & n=N \\ S(l,\ n-2N), & N+1\leqslant n\leqslant 2N-1 \end{cases} \tag{6.36}$$

图 6.12 之中为不同信号的 CWD 结果,在各个图片下方标注了具体信号的名称。可以看出 CWD 的效果更好,没有很严重的交叉项影响,适合用来区分不同信号。

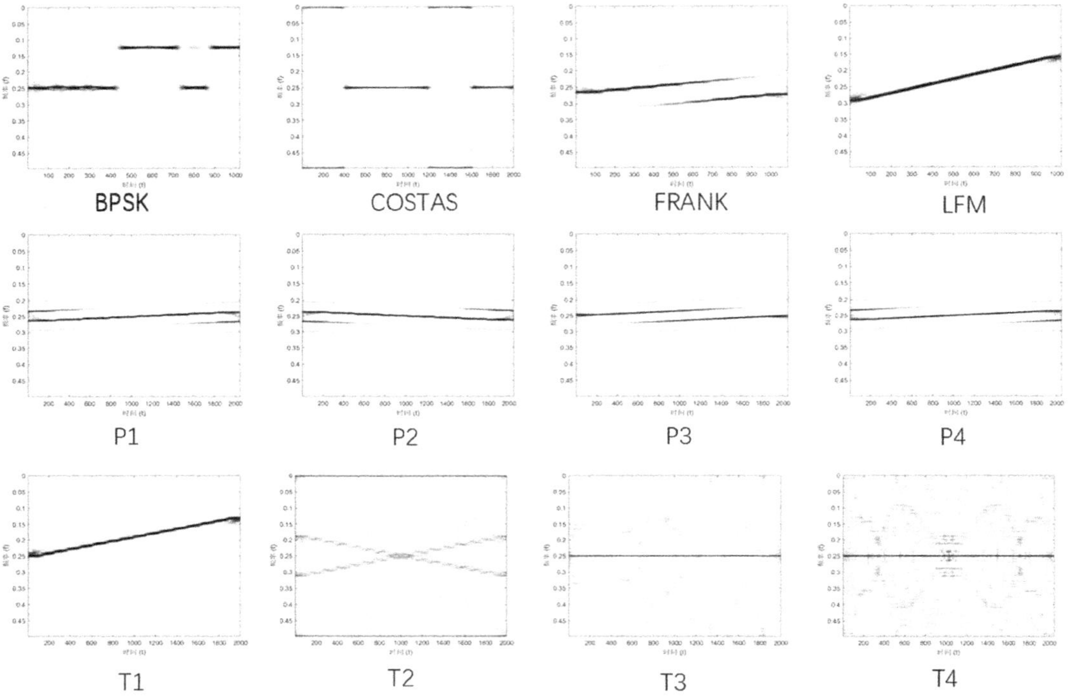

图 6.12　不同信号 CWD 结果

6.4　低截获概率信号的效能评估指标

传统的 LPI 性能评估指标主要有信号不确定性、截获概率、截获因子、截获圆半径和截获球半径等。近年来,有学者提出了一些新的评估指标,如信息距离、识别容量、截获时间与截获达成度等。

传统单平台多传感器的 LPI 性能评估指标可以认为是各传感器 LPI 评估指标中的最值。设传感器个数为 N，则传统单平台多传感器的 LPI 性能评估指标表示如下：

第 n 个平台的截获概率 $P^n_{\text{one-mul}}$ 为

$$P^n_{\text{one-mul}} = \max(P_1, P_2, \cdots, P_N) \tag{6.37}$$

第 n 个平台的截获因子 $\alpha^n_{\text{one-mul}}$ 为

$$\alpha^n_{\text{one-mul}} = \max(\alpha_1, \alpha_2, \cdots, \alpha_N) \tag{6.38}$$

第 n 个平台的截获距离 $R^n_{\text{one-mul}}$ 为

$$R^n_{\text{one-mul}} = \max(R_1, R_2, \cdots, R_N) \tag{6.39}$$

第 n 个平台的截获圆半径 $C^n_{\text{one-mul}}$ 为

$$C^n_{\text{one-mul}} = \max(C_1, C_2, \cdots, C_N) \tag{6.40}$$

第 n 个平台的截获时间 $T^n_{\text{one-mul}}$ 为

$$T^n_{\text{one-mul}} = \min(T_1, T_2, \cdots, T_N) \tag{6.41}$$

传统多平台多传感器的 LPI 性能评估指标可以认为是单平台多传感器 LPI 评估指标中的最值。设平台个数为 N 个，则传统多平台多传感器的 LPI 性能评估指标表示如下：

多平台多传感器的截获概率 $P_{\text{mul-mul}}$ 为

$$P_{\text{mul-mul}} = \max(P^1_{\text{one-mul}}, P^2_{\text{one-mul}}, \cdots, P^N_{\text{one-mul}}) \tag{6.42}$$

多平台多传感器的截获因子 $\alpha_{\text{mul-mul}}$ 为

$$\alpha_{\text{mul-mul}} = \max(\alpha^1_{\text{one-mul}}, \alpha^2_{\text{one-mul}}, \cdots, \alpha^N_{\text{one-mul}}) \tag{6.43}$$

多平台多传感器的截获距离 $R_{\text{mul-mul}}$ 为

$$R_{\text{mul-mul}} = \max(R^1_{\text{one-mul}}, R^2_{\text{one-mul}}, \cdots, R^N_{\text{one-mul}}) \tag{6.44}$$

多平台多传感器的截获圆半径 $C_{\text{mul-mul}}$ 为

$$C_{\text{mul-mul}} = \max(C^1_{\text{one-mul}}, C^2_{\text{one-mul}}, \cdots, C^N_{\text{one-mul}}) \tag{6.45}$$

多平台多传感器的截获时间 $T_{\text{mul-mul}}$ 为

$$T_{\text{mul-mul}} = \min(T^1_{\text{one-mul}}, T^2_{\text{one-mul}}, \cdots, T^N_{\text{one-mul}}) \tag{6.46}$$

6.4.1 信息距离

假设集合 $B = \{s(1), s(2), \cdots, s(L)\}$ 表示发射波形的 L 个采样值，集合 $A =$

$\{w(1), w(2), \cdots, w(L)\}$ 表示高斯白噪声波形的 L 个采样值。计算两集合之间的信息距离可以表征发射波形的 LPI 性能,信息距离越小,发射波形越接近高斯白噪声,意味着 LPI 性能越好,适用于描述单脉冲。

在信息论中,描述信息距离的是 KLD(Kullback-Leibler divergence, KLD)。KLD 测量的是两个概率密度函数 $q_1(x)$ 和 $q_2(x)$ 之间的差别。如果 $q_1(x)$ 表示随机变量 x 的真实分布。$q_2(x)$ 是 $q_1(x)$ 的理论或者近似概率密度函数,那么对于连续型随机变量,$q_2(x)$ 与 $q_1(x)$ 的 KLD 为

$$D_{KL}(q_1 \| q_2) = \int_{-\infty}^{+\infty} q_1(x) \log\left(\frac{q_1(x)}{q_2(x)}\right) \mathrm{d}x. \tag{6.47}$$

将式(6.47)展开,可以获得 KL 距离的期望表示形式,得

$$\begin{aligned} D_{KL}(q_1 \| q_2) &= \int_{-\infty}^{+\infty} q_1(x) \log[q_1(x)] \mathrm{d}x - \int_{-\infty}^{+\infty} q_1(x) \log[q_2(x)] \mathrm{d}x \\ &= E\{\log[q_1(x)]\} - E\{\log[q_2(x)]\} \end{aligned} \tag{6.48}$$

为了简化式(6.48)中 KLD 的计算过程,此处应用概率积分变换,构建一个与 $\{x(n), n=1, 2, \cdots, N\}$ 等价的数据集 $\{z(n)=F[x(n), n=1, 2, \cdots, N]\}$,其中,$F[x(n)]$ 为随机变量 x 的真实概率分布函数。因此,数据集 $\{z(n), n=1, 2, \cdots, N\}$ 之中的随机变量 Z 服从标准均匀分布 $U[0, 1]$。然后,对 $\{x(n), n=1, 2, \cdots, N\}$ 的数据处理自然地转变为对数据 $\{z(n), n=1, 2, \cdots, N\}$ 的数据处理。由于随机变量 Z 服从标准均匀分布,故利用式(6.48)计算 Z 的 KLD 时,等式右边第一项为

$$E\{\log[q_1(z)]\} = \int_{-\infty}^{+\infty} q_1(z) \log[q_1(z)] \mathrm{d}z = 0 \tag{6.49}$$

因此,式(6.49)中的 KLD 计算公式可以等价为

$$\begin{aligned} D_{KL}(q_1 \| q_2) &= \int_{-\infty}^{+\infty} q_1(x) \log[q_1(x)] \mathrm{d}x - \int_{-\infty}^{+\infty} q_1(x) \log[q_2(x)] \mathrm{d}x \\ &= E\{\log[q_1(x)]\} - E\{\log[q_2(x)]\} \\ &= E\{\log[q_2(x)]\} \end{aligned} \tag{6.50}$$

基于样本值 $\{z(n), n=1, 2, \cdots, N\}$,随机变量 Z 的经验累积分布函数可计算为

$$Q_z(z) = \frac{1}{N} \sum_{n=1}^{N} I[Z(n) \leqslant z] \tag{6.51}$$

式(6.51)中,$I(\cdot)$ 为以"·"为参数的指示函数。

为了用数值方法计算式(6.50)中的 KLD,记 u_k, $(k=0, 1, 2, \cdots, K)$ 为区间$[0, 1]$上的分割点。且满足 $0 < u_0 < u_1 < u_2 < \cdots < u_k = 1$。当 $K \to \infty$ 且 $\max_{1 \leqslant k \leqslant K} | u_k - u_{k-1} |$ 时,KLD 可以计算为

$$
\begin{aligned}
D_{KL}(q_1 \parallel q_2) &= -E\{\log[q_2(z)]\} \\
&= -\int_{-\infty}^{+\infty} q_1(z)\log[q_2(z)]\mathrm{d}x \\
&= -\int_{-\infty}^{+\infty} \log[q_2(z)]\mathrm{d}x \\
&\approx -\sum_{k=1}^{K}(u_k - u_{k-1})\log[q_2(u_k)] \\
&= \sum_{k=1}^{K}\left\{(u_k - u_{k-1})\log\left[\frac{Q_z(u_k) - Q_z(u_{k-1})}{u_k - u_{k-1}}\right]\right\}
\end{aligned} \tag{6.52}
$$

详细内容可以参考文献[21]。

6.4.2 识别容量

无源探测系统对雷达信号的侦收过程亦可看作一个离散无记忆信道 $\{X^L, P_e(z \mid x), Z^L\}$，信源为某一未知雷达信号 $x^L(m) \in X^L$，输出为识别结果 z^L。侦收过程中的雷达信号转移概率为

$$
Pr\{Z^L = z^L \mid X^L(m) = x^L(m)\} = \prod_{l=1}^{L} P_i[z^l \mid x^l(m)] \tag{6.53}
$$

无源探测系统对该雷达信号的识别，是将侦收到的信号 z^L 与雷达信号数据库 Y^L 进行匹配搜索，最终得到识别结果。对于任意一个雷达信号 $x^L(\omega)$，$\omega \in \{1, 2, \cdots, M\}$，无源探测系统侦收到的信号为 z^L，它有唯一一个正确的识别结果 $y^L(\omega)$，因此可以用雷达信号的序号表示分选结果。雷达信号识别过程可描述为

$$
\hat{\omega} = d(z^L, y^L(1), y^L(2), \cdots, y^L(M)) \tag{6.54}
$$

式(6.54)中，$\hat{\omega} \in \{1, 2, \cdots, M\}$ 表示最终识别结果，适用于描述脉冲流。识别容量表征着无源探测系统根据辐射源、雷达信号数据库和信道环境所能获得的关于分选识别目标的最大有用信息量，定义为注册阶段和识别阶段输出的互信息量。

$$
C^L = I(Y^L; Z^L) \tag{6.55}
$$

6.4.3 截获时间

在本节之中主要讲述单平台目标跟踪的截获时间与单平台检测前跟踪的截获时间的关键思想，并列出其相关文献以供参考。

1）简单电磁环境的截获时间

对于无源检测系统，信号的一般检测概率可以表示为

$$
P_i = P_s P_f P_d P_t \tag{6.56}
$$

式(6.56)中，P_s、P_f、P_d 和 P_t 分别表示空域、频域、功率域和时域的检测概率。

由于无源探测设备的设计目的是在对抗场景(如单目标跟踪场景)中迅速检测到雷达信号,因此在这种情况下，P_s 和 P_t 应近似等于 1。这是因为雷达平台在空间域中不会快速移动,而雷达信号在时间域中会持续一段时间。因此,在假设雷达正在跟踪一个配备 HSESM 的目标的情况下,频率搜索模式下无源探测设备的截获概率被定义为

$$p_{fi}=\frac{\Delta f_s}{B_s} \tag{6.57}$$

式(6.57)中，B_s 为无源探测设备的频率搜索范围,远大于雷达的跳频范围，Δf_s 为无源探测设备的阶跃频率,其常用值为 50 MHz。

假设有 N_t 个雷达同时发射正交波形,并且使用的载波频率数量满足 $N'_t \leqslant N_t$。如果 N_t 个雷达在时域、空域和频域的理想同步性能完全一致,则无源探测设备截获雷达信号的概率可以表示为

$$p_f=1-(1-p_{fi})^{N'_t} \tag{6.58}$$

如果 $N'_t p_{fi}<0.3$，(6.58)可以约为

$$p_f=N'_t p_{fi} \tag{6.59}$$

设 τ_{rem} 为无源探测设备在搜索一个频率带时的停留时间。通常情况下，$\tau_{rem}=(1-1.5)PRT$,其中 PRT 表示雷达信号的脉冲重复时间。由此可知,无源探测设备的搜索周期可以表示为

$$T_f=\frac{\tau_{rem}}{p_f}=\frac{\tau_{rem}}{(N'_t p_{fi})} \tag{6.60}$$

式(6.60)中，T_f 是频率搜索周期，τ_{rem} 是无源探测设备的驻留时间。然而,当雷达采用自适应采样间隔算法跟踪目标时,无源探测设备的平均截获时间为

$$\bar{T}_c=\frac{(T_f\bar{T}_{rs})}{(\tau'_e-\tau_{rem})} \tag{6.61}$$

式(6.61)中，$\bar{T}_c$ 和 $\tau'_e=\dfrac{\tau_e}{(N_t)^n}$ 分别是雷达对目标的短时平均采样间隔和驻留时间。详细内容可以参考文献[23]。

2) 复杂电磁环境的截获时间

复杂电磁环境的截获时间是指雷达信号轨迹被敌方无源探测系统截获需要的时间。复杂电磁环境中,敌方无源探测系统对电磁环境中每个网格点的检测可以用二项分布描述。

假设二维平面上的所有量测点均服从二项分布,任取量测点是虚假信号源的概率为

p_n。二维平面上取一条线段，其长度为 N。若存在连续 M 个量测点，则视为存在一条轨迹。类似于概率统计中的不放回抽取问题，检测到轨迹的数量就是 N 点中取连续 M 点都是量测点的期望。

N 点中取连续 M 个点的取法共有：

$$k_1 = N - M + 1 \tag{6.62}$$

假设连续 M 点中包括 N 个点中的端点，其示意图如图 6.13 所示。

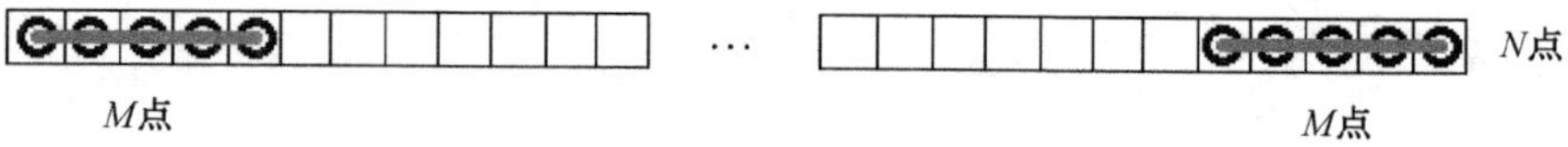

图 6.13　连续 M 点包含端点

此时连续 M 点都是量测点的概率为：

$$P_1 = p_n^M \cdot (1 - p_n) \tag{6.63}$$

出现这种情况的次数为：

$$k_{11} = 2 \tag{6.64}$$

假设连续 M 点中不包括 N 个点中的端点，如图 6.14 所示。

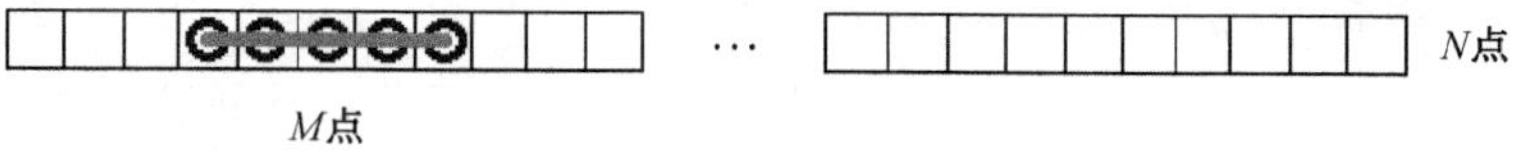

图 6.14　连续 M 点不包含端点

此时连续 M 点都是量测点的概率为：

$$P_2 = p_n^M \cdot (1 - p_n)^2 \tag{6.65}$$

出现这种情况的次数为：

$$k_{12} = k_1 - k_{11} \tag{6.66}$$

因此有：

$$k_{12} = N - M - 1 \tag{6.67}$$

综合以上两种情况，N 点中连续 M 点都是量测点的期望为：

$$E_{1d} = k_{11} \cdot P_1 + k_{12} \cdot P_2 \tag{6.68}$$

因此，在该 N 点构成的原始空间上，满足判定条件的轨迹数量的期望值为 E_{1d}。

二项分布标准差公式为：

$$SD = n \cdot p \cdot (1 - p) \tag{6.69}$$

其中，n 是随机事件发生的次数，p 是随机事件发生的概率。

根据二项分布的方差公式可以得到，复杂电磁环境中出现虚假信号轨迹的标准差为：

$$SD_{1d}=k_{11}\cdot P_1\cdot(1-P_1)+k_{12}\cdot P_2\cdot(1-P_2) \tag{6.70}$$

当 N 足够大且 M 相对较小时，由于 $k_{11}=2$ 相对于 k_1 很小，$k_{12}\approx k_1$，为方便计算，可以简化为：

$$SD_{1d}=k_1\cdot P_2\cdot(1-P_2) \tag{6.71}$$

同理期望也可以简化为：

$$E_{1d}=k_1\cdot P_2 \tag{6.72}$$

基于上述条件，设雷达信号轨迹长度大于 E_{1d} 需要的时间为 T_x，则称 T_x 为复杂电磁环境的截获时间。它表示敌方无源探测系统以特定概率检测到雷达信号轨迹时需要的时间。详细内容可以参考文献[24]。

6.4.4 截获达成度

假设总共有 A_1 部平台，如果仅需 $A_2(A_2<A_1)$ 部平台便可以完成任务，此时，即使有不超过 A_1-A_2 部平台被截获，仍认为编队已完成任务。

假设多平台中第 n 部平台在 t 时刻的 LPI 评估指标为 S_t^n，LPI 评估指标的门限值为 S_{th}，当 $S_t^n\geqslant S_{\text{th}}$ 时认为多平台中的第 n 部平台被截获，否则未被截获。若该平台连续 M 次被截获，则 t 时刻第 n 部平台被截获概率 q_t^n 为

$$q_t^n=\begin{cases}1, & \left(\sum\limits_{t=T_{\text{start}}}^{t}p_t^n\geqslant M\right)\&\&(t>M+1)\\ 0, & \text{else}\end{cases} \tag{6.73}$$

式(6.49)中，T_{start} 为多平台最近一次被截获的起始时刻，p_t^n 为多平台中第 n 部平台在 t 时刻被截获的概率，可以表示为

$$p_t^n=\begin{cases}1, & S_t^n\geqslant S_{\text{th}}\\ 0, & S_t^n<S_{\text{th}}\end{cases} \tag{6.74}$$

从而，t 时刻被截获的平台数量 Q_t 为

$$Q_t=\sum_{n=1}^{N}q_t^n \tag{6.75}$$

当 Q_t 值小于多平台数量时，Q_t 与平台数量之比可定义为截获达成度。截获达成度适用于分析全流程条件下多平台协同策略的 LPI 效果。

参考文献

[1] 孔莹莹，李海林，常建平. 随机信号分析[M]. 2版. 北京：科学出版社，2021.

[2] 张贤达，周杰. 矩阵论及其工程应用[M]. 北京：清华大学出版社，2015.

[3] 胡广书. 现代信号处理教程[M]. 北京：清华大学出版社，2004.

[4] 胡广书. 数字信号处理. 第3版[M]. 北京：清华大学出版社，2012.

[5] 叶中付. 统计信号处理[M]. 2版. 合肥：中国科学技术大学出版社，2013.

[6] (美)Steven M. Kay. 统计信号处理基础：估计与检测理论(卷Ⅰ、卷Ⅱ合集)[M]. 罗鹏飞，张文明，刘忠，等译. 北京：电子工业出版社，2014.

[7] Subhash Challa，(澳)Mark R. Morelande，(韩)Darko Musicki，等. 目标跟踪基本原理[M]. 北京：国防工业出版社，2015.

[8] Bishop，C. M. (2006). Pattern Recognition and Machine Learning [M]. Springer. DOI：10.1007/978－0－387－31083－2

[9] (美)Thomas M. Cover，(美)Joy A. Thomas. 信息论基础[M]. 阮吉寿，张华，译. 北京：机械工业出版社，2005.

[10] 张小飞，刘敏，朱秋明，等. 信息论基础[M]. 北京：科学出版社，2015.

[11] (美)Petre Stoica，(美)Randolph Moses. 现代信号谱分析[M]. 吴仁彪，韩萍，等译. 北京：电子工业出版社，2007.

[12] 朱晓华. 雷达信号分析与处理[M]. 北京：国防工业出版社，2011.

[13] 徐大专，张小飞. 空间信息论[M]. 北京：科学出版社，2021.

[14] 张小飞，汪飞，徐大专. 阵列信号处理的理论和应用[M]. 北京：国防工业出版社，2010.

[15] (美) David Lynch. 射频隐身导论[M]. 沈玉芳，译. 西安：西北工业大学出版社，2009.

[16] 汪飞，李海林，夏伟杰，等. 低截获概率机载雷达信号处理技术[M]. 北京：科学出版社，2015.

[17] 时晨光，汪飞，周建江，等. 面向射频隐身的机载网络化雷达资源协同优化技术[M]. 北京：电子工业出版社，2023.

[18] 时晨光，汪飞，周建江，等. 雷达通信一体化系统射频隐身技术[M]. 北京：电子工业出版社，2021.

[19] 时晨光，汪飞，周建江，等. 频谱共存环境下组网雷达射频辐射控制技术[M]. 北

京：电子工业出版社，2022.

[20] 时晨光，周建江，汪飞，等. 机载雷达组网射频隐身技术[M]. 北京：国防工业出版社，2019.

[21] Chen J, Wang F, Zhou J J. The metrication of LPI radar waveforms based on the asymptotic spectral distribution of Wigner matrices[C]//2015 IEEE International Symposium on Information Theory (ISIT). Hong Kong, China. IEEE, :331-335.

[22] Wang F, Chen J, Zhang J, et al. LPID based criterion for airborne radar hopping frequency design[C]//2016 International Symposium on Signal, Image, Video and Communications (ISIVC). Tunis, Tunisia. IEEE, 2016:364-368.

[23] Wang F, Yu S W, Shi C G, et al. LPI time-based TMS against high-sensitivity ESM[J]. IET Radar, Sonar & Navigation, 2018, 12(12):1509-1516.

[24] Wang F, Lu W F, Shi C G, et al. Prior knowledge-based statistical estimation of linear false tracks in uniform distributed clutter[J]. IET Radar, Sonar & Navigation, 2021, 15(10):1237-1246.